Praxiswissen Gleitschleifen

Helmut Prüller

Praxiswissen Gleitschleifen

Leitfaden für die Produktionsplanung und Prozessoptimierung

3., überarbeitete und erweiterte Auflage

Helmut Prüller
Haan, Deutschland

ISBN 978-3-658-20926-1 ISBN 978-3-658-20927-8 (eBook)
https://doi.org/10.1007/978-3-658-20927-8

Die Deutsche Nationalbibliothek verzeichnet diese Publikation in der Deutschen Nationalbibliografie; detaillierte bibliografische Daten sind im Internet über http://dnb.d-nb.de abrufbar.

Springer Vieweg

Lektorat: Thomas Zipsner

Gedruckt auf säurefreiem und chlorfrei gebleichtem Papier

Springer Vieweg ist ein Imprint der eingetragenen Gesellschaft Springer Fachmedien Wiesbaden GmbH und ist ein Teil von Springer Nature.
Die Anschrift der Gesellschaft ist: Abraham-Lincoln-Str. 46, 65189 Wiesbaden, Germany

*Gewidmet Herrn Henning D. Walther, der
mir die Möglichkeit gegeben hat zu lernen,
wie man kleine Steinchen nutzbringend hüpfen
lässt.*

Vorwort

Es ist schon recht seltsam: Fast in jedem metallverarbeitenden Betrieb steht eine Gleitschleifanlage.

Damit werden Druckgussteile entgratet, Oberflächen von Armaturen und Beschlägen geglättet, Haushaltsgegenstände poliert, Turbinenschaufeln bearbeitet und außerdem viele andere Werkstücke im Dekor oder ihrer Funktion verbessert.

Und doch kennt kaum jemand dieses Verfahren (außer natürlich den Anwendern selbst).

Dazu kommt, dass Gleitschleifen vielerorts rein empirisch betrieben wird („das haben wir schon immer so gemacht"), und weder fundiertes Wissen über die Grundlagen noch über Möglichkeiten existiert, die Prozesse und damit die Produkte zu verbessern.

Das vorliegende Buch gibt trotz aller Vielfalt der Anwendungen neben grundlegenden Informationen praxisbezogene Hinweise, die durch Diagramme und Tabellen ergänzt werden. Es gilt, das Gelernte nutzbringend in der eigenen Fertigung anzuwenden und damit das Gleitschleif-Ergebnis zu verbessern. Deshalb werden exotische, kaum praktizierte Verfahren nicht behandelt.

Nicht zu kurz kommen sollen dagegen Behandlungstechniken für das entstehende Abwasser sowie Methoden zur Beurteilung der Gleitschleif-Ergebnisse.

In der vorliegenden 3. Auflage wurden mehrere Kapitel überarbeitet und erweitert.

Zu den Berechnungen für die Maschinenauswahl und zum Verbrauch von Betriebsstoffen wurden die Formeln überarbeitet und Beispielrechnungen angegeben.

Auch das Bildmaterial wurde aktualisiert.

Oktober 2017 Helmut Prüller

Danksagung

Ohne Herrn Markus van den Hoogen würde dieses Buch nicht existieren!

Dafür, dass er mich sanft gedrängt hat, das Werk in Angriff zu nehmen, danke ich ihm.

Besonderen Dank möchte ich den Herren Viktor Goertz, der leider nicht mehr unter uns ist, und Peter Dose sagen, die das Werk mit ihrer umfassenden Fachkompetenz durchgesehen und mir mit wertvollen Anregungen geholfen haben.

Mein Dank gilt auch der Firma Walther Trowal, die nicht nur viele Fotos zur Verfügung gestellt hat, sondern mir auch erlaubt hat, Diagramme und Zeichnungen zu veröffentlichen, die ich während meiner Dienstzeit bei Trowal erstellt habe.

Ein Dankeschön auch dem Lektorat Maschinenbau, Frau Klabunde und Herrn Zipsner, durch deren mühevolle Kleinarbeit dem Leser nicht nur manche Stilblüte erspart geblieben ist.

Ich danke auch Herrn Peter David, der mit vielen Anregungen geholfen hat.

Nicht zuletzt danke ich meiner Frau Barbara, die viel Zeit geopfert und akribisch Jagd auf Rechtschreib- und Grammatikfehler gemacht hat.

Inhaltsverzeichnis

Einführung 1

Ein Verfahren, das etwas auf sich hält, führt sein Prinzip auf Vorgänge in der Natur zurück. Das kann man auch für das Gleitschleifen in Anspruch nehmen.

Vielleicht hat einer unserer pfiffigen Vorfahren darüber gegrübelt, warum die Steine, die im Sand des Flussbettes durch die Strömung hin und her bewegt werden, so schön rund und glatt werden und hat dann einen Erkenntnisblitz gehabt. Unterrichteten Kreisen zufolge soll dieser Vorfahr bereits ein Chinese oder Ägypter gewesen sein [1].

Beaver [2] berichtet, dass im Mittelalter Waffen und Kettenhemden in sich drehenden Fässern mit Steinen gereinigt wurden.

Auch heute gibt es noch Anlagen, die ähnlich aussehen wie das „Urfass". Nur mit dem Unterschied, dass sich das Fass in Lagern motorisch um seine Achse dreht, und sich das Wasser nur im Fass befindet und (möglichst) nicht außen herum.

Dieses so einfach anmutende Verfahren hat sich im Laufe seiner Entwicklung zu einer ganzen Palette von Verfahrensvarianten zur Oberflächenbearbeitung entfaltet. Sie umfasst das Putzen von Guss ebenso wie das Hochglanzpolieren von Kontaktlinsen. Diese Vielfalt ist durch die Entwicklung unterschiedlicher Maschinentypen und Hilfsstoffe möglich geworden.

Durch Gleitschleifen bearbeitete Werkstücke werden gegenüber einer Bearbeitung von Hand im Ergebnis reproduzierbarer und sind natürlich viel wirtschaftlicher zu produzieren. So ist das Gleitschleifen heute ein weit verbreitetes mechanisch-chemisches Fertigungsverfahren zum

- Entgraten und Verrunden von Kanten
- Glätten und Polieren
- Reinigen und Entfetten
- Entzundern und Entrosten.

Werkstücke aus allen gängigen Metallen und Metalllegierungen können nach dem Gleitschleifverfahren bearbeitet werden.

© Springer Fachmedien Wiesbaden GmbH, ein Teil von Springer Nature 2018
H. Prüller, *Praxiswissen Gleitschleifen*, https://doi.org/10.1007/978-3-658-20927-8_1

Auch für Formteile aus Gummi [3], Kunststoff oder keramischem Material ist diese Technik unter bestimmten Voraussetzungen einsetzbar.

Selbst für die Dekontaminierung radioaktiv belasteter Bauteile ist das Gleitschleifen eine durchaus interessante Verfahrenstechnik. In den Gleitschleifmaschinen werden Oberflächenschichten abgetragen, ohne dass Menschen eingreifen müssen. Dazu kommt, dass bei der Aufarbeitung des entstehenden Abwassers das abgetragene radioaktive Material im Schlamm zurückgehalten wird, da dieser in relativ geringer Menge anfällt.

1.1 Prinzip

Fast allen Gleitschleifverfahren ist gemeinsam, dass sich ein Gemisch aus „Schleifsteinchen", den Schleifkörpern (auch Chips genannt), wässriger „Compound-Lösung" und Werkstücken als Schüttung in einem Arbeitsbehälter befindet und dieser rotiert oder vibriert.

Durch die Bewegung des Arbeitsbehälters gleiten die Schleifkörper über Flächen und Kanten der Werkstücke und tragen so Material ab, wobei sie selbst verschleißen. Die Compound-Lösung nimmt den Abrieb auf.

Das Prinzip einer sich drehenden Trommel oder Glocke im Schnitt quer zur Drehachse ist in Abb. 1.1 skizziert.

Die Schleifkörper führen auf der Werkstückoberfläche ungeordnete Bewegungen aus. Deswegen laufen die Schleifspuren kreuz und quer durcheinander. Ein Muster solcher Spuren ist in Abb. 1.2 zu sehen.

Betrachtet man Spuren, die Schleifkörper auf den Werkstückoberflächen hinterlassen haben in starker Vergrößerung, so erkennt man, dass die in den Schleifkörpern eingebetteten Körner die Oberflächen zunächst „aufpflügen" [4].

Abb. 1.1 Prinzip der Gleitschleiftrommel

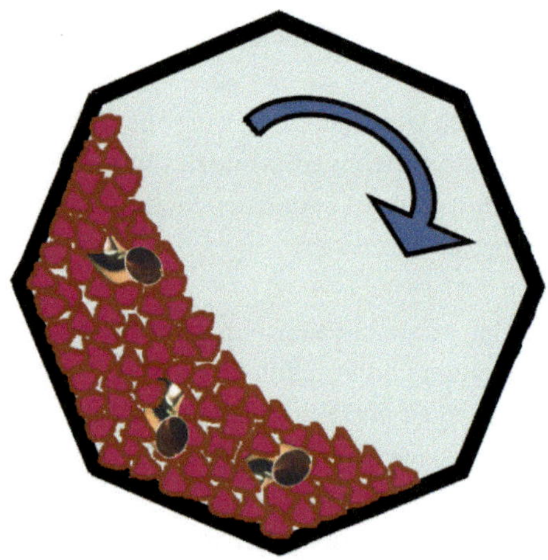

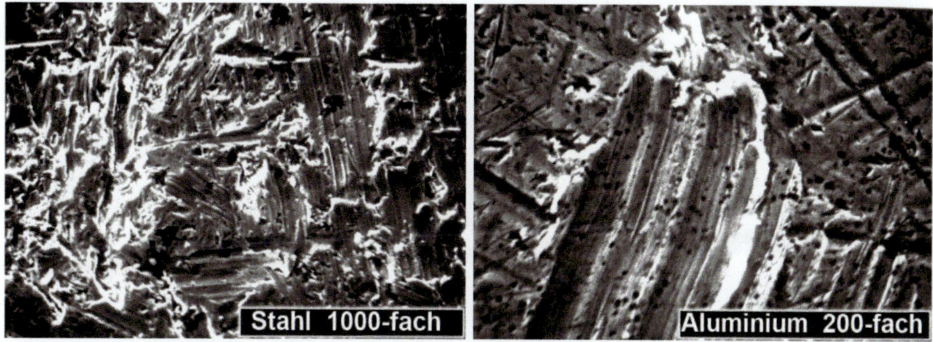

Abb. 1.2 Spuren von Schleifkörpern auf der Werkstückoberfläche

Bei weiterem Darübergleiten der Schleifkörper brechen die Grate ab. Es entsteht eine vollkommen ungerichtete Oberflächenstruktur, deren Rauheit durch die Korngröße des Schleifminerals, die Art der Maschine und deren Einstellungen bestimmt wird.

1.2 Warum Gleitschleifen?

Das Gleitschleifen ist nicht deshalb so weit verbreitet, weil die Hersteller der Maschinen phantastische Marketingabteilungen besitzen, sondern weil dieses Verfahren, wann immer es anwendbar ist, die wirtschaftlichste Lösung darstellt.

Wirtschaftlich vor allem deshalb, weil die Werkstücke in den allermeisten Bearbeitungen nicht einzeln in die Hand genommen, sondern als Schüttgut bearbeitet werden. Das spart kräftig Handlingkosten.

Dazu kommt, dass Gleitschleifbearbeitungen soweit automatisiert werden können, dass sie sogar ohne menschliche Beaufsichtigung durchführbar sind.

Ein weiterer Vorteil des Gleitschleifverfahrens ist, dass (anders als bei der Handbearbeitung einzelner Stücke) eine hohe Gleichmäßigkeit der Ergebnisse erzielt wird.

Schließlich kann man mehrere Bearbeitungsschritte in ein und derselben Maschine durch Wechsel der Verfahrensparameter durchführen (andere Maschineneinstellungen, andere Compounds, eventuell andere Schleifkörper).

Die Liebe zum Gleitschleifen hat viele Begriffe für das Verfahren geprägt. So spricht man vom Trowalisieren (in Anlehnung an den Namen der Fa. Walther Trowal, die wesentliche Entwicklungen hervorgebracht hat) und vom Trommeln, Rollen, Rollieren oder Rütteln.

Aufgrund seiner außerordentlich großen Wirtschaftlichkeit hat sich das Gleitschleifen einen sehr großen Anwendungsbereich erobert.

Mehr als 50 % aller Entgrat-Arbeiten werden nach diesem Verfahren ausgeführt, ca. 30 % werden manuell erledigt (sinkende Tendenz). Für 20 % werden andere Verfahren eingesetzt [5].

Tab. 1.1 Werkstoffe für die Gleitschleifbearbeitung

Werkstoffe	Bearbeitbar	Bedingt bearbeitbar	Nicht bearbeitbar
Metalle	Ja		
Kunststoffe	Duroplaste	Thermoplaste Elastomere[a]	
Keramik	Ja		
Holz		Nur trocken	

[a] Meist unter Tiefkühlung

Eine grobe Abschätzung darüber, welche Werkstoffe nach dem Gleitschleifverfahren bearbeitet werden können, zeigt die Tab. 1.1.

Nachteilig beim Gleitschleifen ist die längere Bearbeitungszeit gegenüber dem Einsatz von Schleifmaschinen sowie die Tatsache, dass Grate von mehr als 0,3 mm (Fußbreite) nicht mehr wirtschaftlich zu entfernen sind. Weiterhin entsteht ein Problem dadurch, dass verschmutztes Prozesswasser anfällt und behandelt werden muss.

1.3　Was ist Gleitschleifen?

Wenn wir uns Gleitschleifbearbeitungen ansehen, müssen wir uns mit folgenden „Komponenten" beschäftigen:

- Maschine mit dem Arbeitsbehälter
- Schleifkörper, die die Arbeit leisten
- Compound, das reinigt
- Wasser, das den Abrieb aufnimmt und abtransportiert
- das die Maschine verlassende Prozesswasser
- und natürlich auch die zu bearbeitenden Werkstücke.

Die einzelnen Komponenten werden in den folgenden Kapiteln detailliert besprochen, und es werden neben notwendigen Grundlagen viele Erfahrungswerte für Maschineneinstellungen und Verfahrensparameter mitgeteilt.

In Abb. 1.3 sind die angegebenen Komponenten zusammengestellt.

Verschiedenste Bearbeitungsaufgaben können in Gleitschleifmaschinen gelöst werden. Sie reichen vom groben Entgraten von Druckguss- oder Stanzteilen bis zum Hochglanzpolieren von Besteck oder Armaturen. Die Möglichkeiten, die man hat, Werkstücke durch Gleitschleifen zu bearbeiten, lassen sich der Abb. 1.4 entnehmen.

Die bekannteste Bearbeitung ist das Entgraten. Mit dieser einfachen Technik werden Grate an den Werkstückkanten verringert und bei fortgesetztem Schleifen die Kanten mit einem Radius versehen.

Die Gruppe der Reinigungsarbeiten säubert oder entfettet die Oberfläche, je nach eingesetzten Mitteln. Beizarbeiten werden unter Einsatz von Säuren ausgeführt.

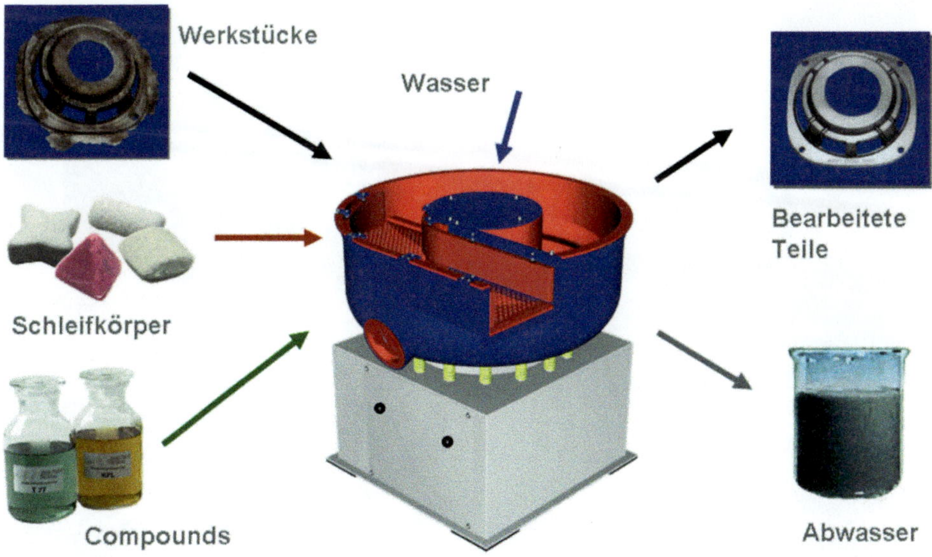

Abb. 1.3 Komponenten für den Gleitschleifprozess

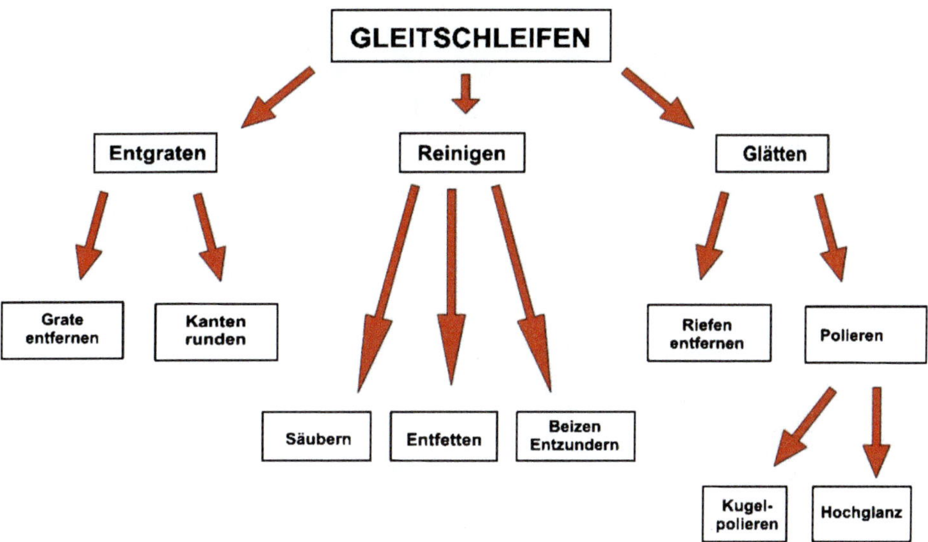

Abb. 1.4 Bearbeitungsmöglichkeiten durch das Gleitschleifen

Einen immer größeren Stellenwert nehmen Arbeiten ein, die die Oberfläche glätten, insbesondere polieren. Hierbei hat sich eine ganze Reihe von Verfahrensvarianten etabliert, die z. T. recht ausgeklügelte Techniken verlangen, die sich vom allgemeinen Bild des Gleitschleifens doch ziemlich entfernt haben. Einige prägnante Beispiele von bearbeiteten Werkstücken im Vergleich zu den Rohteilen zeigt Abb. 1.5.

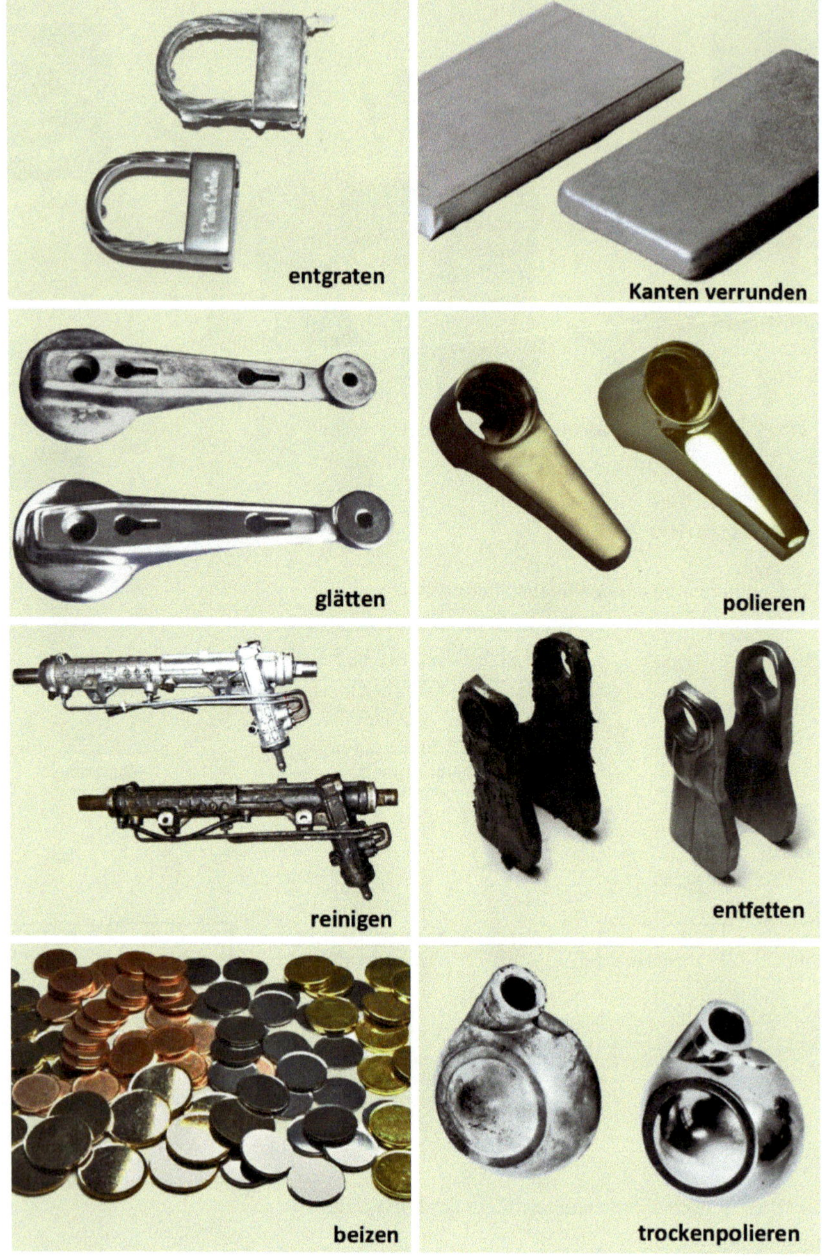

Abb. 1.5 Beispiele von Gleitschleifbearbeitungen

Trotz der Vielfalt der Gleitschleifverfahren gibt es eine Reihe von Merkmalen, die für das Gleitschleifen charakteristisch sind.

An den Kanten der Werkstücke wird normalerweise mehr Material abgetragen als auf den Flächen. Das liegt daran, dass ein Schleifkörper, der über eine Kante gleitet, dort einen viel höheren Schleifdruck ausübt als wenn er auf einer Werkstückfläche aufliegt (Ausnahme: Schleifen oder Polieren mit losem Korn).

Außen liegende und erhabene Flächen auf Werkstücken werden stärker bearbeitet als innen liegende (z. B. das Innere eines Rohrabschnitts.) oder konkave Flächen.

Während die Schleifkörper ihre Arbeit verrichten, verschleißen sie. Das Ausmaß des Schleifkörperverbrauchs richtet sich nach Maschine und Schleifkörpersorte und liegt zwischen 0,05 % der Maschinenfüllung pro Stunde (beim Polieren) und mehr als 10 % in einer kräftig schleifenden Fliehkraftmaschine, bei der man mitunter zusehen kann wie die Chips verschwinden!

Beim Gleitschleifen eines Werkstücks muss oder darf man neben der Entgratung oder Verrundung der Kanten mit einer Reihe von Nebenwirkungen rechnen:

- Änderung der Maßhaltigkeit
- Änderung von Oberflächeneigenschaften
- Ausschleifen von Poren, Kratzern und Riefen
- Reinigung des Werkstücks
- Entfernung von Anlauffarben und leichtem Rost
- Änderung der Helligkeit der Werkstückoberfläche
- Änderung der Oberflächenenergie
- Kontaminierung der Werkstückoberfläche mit Schleifmaterial.

So bildet Aluminiumoxid auf der Oberfläche eine Barriere gegen manche Lötmittel. Quarz verändert den elektrischen Übergangswiderstand.

Um die elektrischen Eigenschaften der Oberfläche möglichst wenig zu beeinflussen, können Schleifkörper mit Dolomit als Schleifkorn eingesetzt werden.

Die Schleifleistung solcher Chips ist allerdings geringer, als die von Quarz- oder Korund-Schleifkörpern.

Maschinen

2

Die Bewegung der Schüttung im Arbeitsbehälter wird hauptsächlich auf zwei Arten bewerkstelligt:

- Der gesamte Behälter oder Teile des Behälters drehen sich und übertragen so ihre Bewegung auf den Inhalt. Das führt dazu, dass Schleifkörper und Werkstücke aufeinander „abgleiten" (Glocke, Fliehkraftmaschine).

Glocke und Trommel

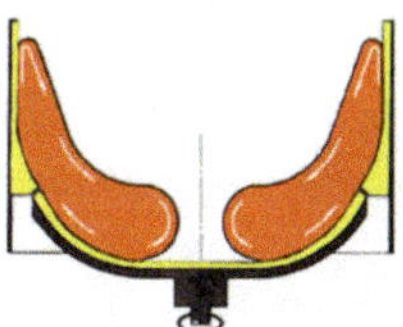

Teller-
Fliehkraftmaschine

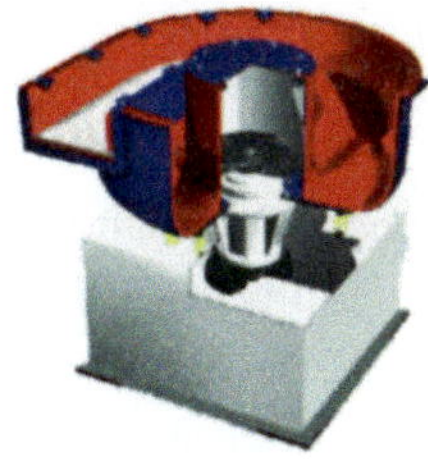

Vibrator

Planeten-
Fliehkraftmaschine
(Zentrifugaltrommel)

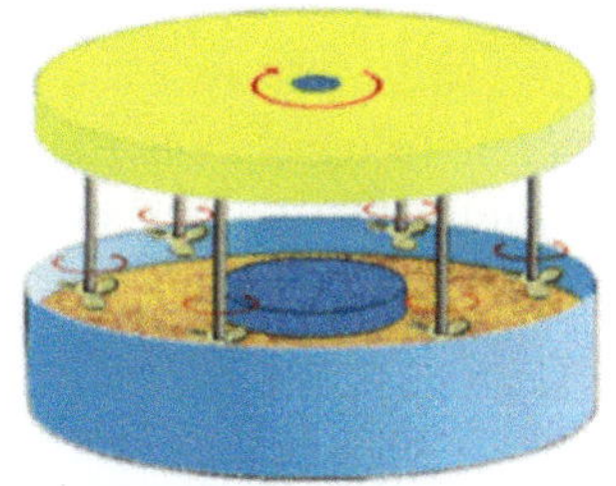

Schleppschleifanlage

Abb. 2.1 Typen von Gleitschleifmaschinen

© Springer Fachmedien Wiesbaden GmbH, ein Teil von Springer Nature 2018
H. Prüller, *Praxiswissen Gleitschleifen*, https://doi.org/10.1007/978-3-658-20927-8_2

- Der Behälter wird durch Unwuchtmotoren zur Vibration gebracht (Vibratoren). Die Bewegung des Inhalts ist dabei eine Mischung aus Gleiten und „Hüpfen".

Eine dritte Sorte von Gleitschleifmaschinen, die Schleppschleifmaschinen, nehmen eine Sonderstellung ein. Bei diesem Typ bleibt die Schleifkörperschüttung in Ruhe, und die aufgespannten (!) Werkstücke werden durch das ringförmige Schleifkörperbett gezogen.

Eine Übersicht über die gängigen Maschinentypen zeigt die Abb. 2.1.

Eine komplette Gleitschleifmaschine enthält nicht nur den Arbeitsbehälter mit dem Antrieb, sondern darüber hinaus Zusatzeinrichtungen wie Dosiergeräte für Wasser und Compound.

Werden Serienteile bearbeitet, kommen oft Zuführ- und Abgabevorrichtungen für die Werkstücke hinzu. Nahezu alle Arbeitsbehälter sind innen mit Gummi oder Polyurethan ausgekleidet, damit die Behälterwand nicht genauso schnell abgeschliffen wird wie die Werkstücke selbst.

2.1　Drehende Arbeitsbehälter

2.1.1　Trommeln

Trommelanlagen werden nur noch selten und in kleinen Abmessungen eingesetzt.

In der Münzfertigung und der Schmuckindustrie dienen sie vereinzelt zum Polieren. Der Vorteil dieser Bearbeitung ist, dass Werkstücke und Polierkörper sehr schonend aufeinander abgleiten und die Werkstücke wenig zerkratzen. Dem steht der Nachteil einer langen Bearbeitungsdauer (etliche Stunden) gegenüber.

Um beim Polieren den Anpressdruck und damit den erreichbaren Glanz zu erhöhen, wird oft mit Stahlkugeln als Poliermedium gearbeitet.

Im Gegensatz zu anderen Gleitschleifmaschinen läuft die gesamte Bearbeitung mit der zu Anfang eingefüllten Prozesswassermenge, d. h. der gesamte Abrieb bleibt in der Masse.

Das Bild einer solchen Trommelanlage ist in Abb. 2.2 wiedergegeben.

Grundsätzlich werden Trommeln zur Hälfte mit dem Gemisch aus Polierkörpern und Werkstücken gefüllt, wobei das Verhältnis Polierkörpervolumen zum Volumen der Werkstücke ca. 5 : 1 beträgt.

Ein höherer Anteil an Werkstücken erhöht die Gefahr von Kratzern, die auf einer hochglanzpolierten Oberfläche sofort auffallen würden.

Wasser wird soweit eingefüllt, dass es die Schüttung gerade ganz bedeckt.

An Compound gibt man etwa 2 % der eingefüllten Wassermenge zu. Die Drehzahl richtet sich nach dem Trommeldurchmesser. Ist sie zu gering, so passiert in der Trommel zu

Abb. 2.2 Gleitschleiftrommel

wenig. Ist sie zu hoch, so werden die Werkstücke zu weit an der Wand nach oben gefördert, so dass sie schließlich auf die Masse herunterfallen und sich beschädigen können.
Bei weiterer Erhöhung der Drehzahl bleibt die Füllung an der Wand kleben und es gibt
keine Relativbewegung zwischen Werkstücken und Schleifkörpern.

> In einer Trommel von 50 cm Durchmesser wird mit ca. 30 1/min gearbeitet.

Trommeln können einen runden oder einen sechs- bzw. achteckigen Querschnitt haben.
Ein als Polygon ausgebildeter Querschnitt transportiert die Masse leichter an der Wand
hoch und vermindert ein Durchrutschen der gesamten Schüttung.

2.1.2 Glocken

Eine Weiterentwicklung der Trommeln stellen die Glocken dar, die einseitig auf eine
schräg stehende Achse gesetzt sind. Sie werden mit doppeltkonischem Querschnitt hauptsächlich für Polierarbeiten eingesetzt. Ihre Nutzvolumina betragen bis zu 100 Litern.

In der Kugellagerfertigung sind große Glocken mit rundem Querschnitt noch im Einsatz, obwohl die Bearbeitungszeit über 24 Stunden dauern kann.

Eine kleine Glocke mit ca. 50 l Inhalt ist in Abb. 2.3 zu sehen.

Glocken haben gegenüber Trommeln vor allem den Vorteil, dass sie zur bequemeren
Entleerung gekippt werden können. Bei sehr großen Glocken kann allerdings die einseitige Lagerung zum Problem werden.

Glocken mit doppeltkonischer Form sorgen während der Drehung dafür, dass Werkstücke, die sich in der Nähe des Achsenansatzes oder der oberen Öffnung aufhalten, durch

Abb. 2.3 Gleitschleif-Glocke

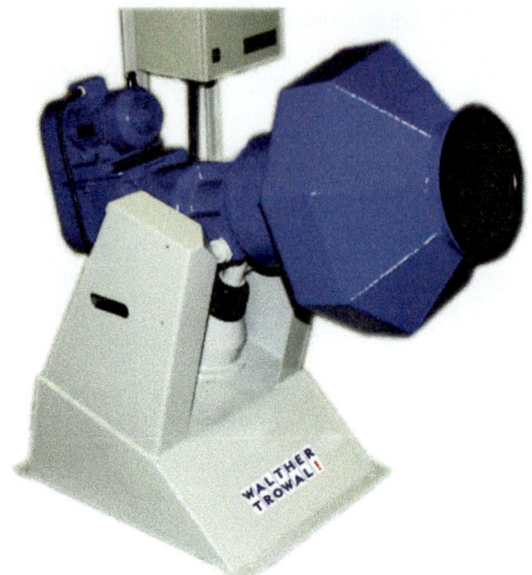

die Schräge in Richtung der Behältermitte laufen. Dadurch wird eine bessere Durchmischung des Behälterinhaltes und somit ein gleichmäßigeres Bearbeitungsergebnis erzielt.

Für die Füllmenge, die Drehzahl und das Prozesswasser der Glocken gilt das Gleiche wie für die Trommeln.

2.1.3   Planeten-Fliehkraftmaschinen

Setzt man langsam drehende Trommeln in ein schnell laufendes „Karussell", dann erhöht sich durch die Fliehkraft der Druck der Schleifkörper auf die Werkstückoberflächen, und die Schleifleistung der Maschine steigt gewaltig an.

Diese Art Maschinen wurde bis etwa 1980 in riesigen Dimensionen gebaut, sie verschwanden aber nach und nach wieder wegen ihres hohen Wartungsaufwandes.

Heute laufen Planeten-Fliehkraftanlagen in kleinen Abmessungen mit wenigen Litern Inhalt zum Schleifen und Polieren von Kleinstteilen, z. B. bei der Schmuckherstellung und der Elektroindustrie. Hersteller für diese Anlagen ist z. B. die Firma Dr. Dreher in Engelsbrand. Größere Maschinen werden noch in Großbritannien, USA und Asien hergestellt.

Ein Problem bei diesem Maschinentyp ist die wegen der hohen Leistung entstehende Wärme sowie die Reparaturanfälligkeit großer Maschinen.

Da Planeten-Fliehkraftmaschinen gegenüber den im Folgenden beschriebenen Teller-Fliehkraftmaschinen kaum noch eine Rolle spielen, versteht man heute unter dem Begriff „Fliehkraftmaschine" im Allgemeinen die Teller-Fliehkraftmaschine.

Das Prinzip einer Planeten-Fliehkraftmaschine mit der Aufsicht von oben auf die Drehachsen ist in Abb. 2.4 skizziert.

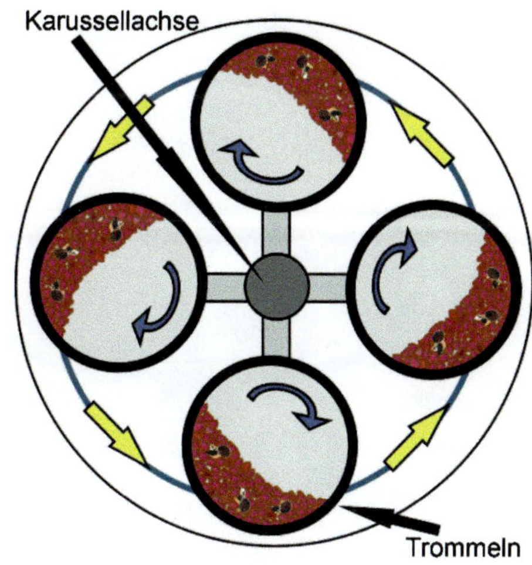

Abb. 2.4 Prinzip der Planeten-Fliehkraftmaschine

2.1.4 Teller-Fliehkraftmaschinen

Auch wenn Teller-Fliehkraftanlagen gänzlich anders aufgebaut sind als Trommeln oder Glocken, gehören sie zu den Maschinen mit gleitender Schüttung.

Diese Fliehkraftmaschinen bestehen aus einem senkrecht stehenden zylindrischen oder birnenförmigen Arbeitsbehälter. Der Behälterboden ist von der Behälterwand durch einen schmalen Spalt getrennt.

Versetzt man den Boden (Drehteller genannt) des mit dem Schleifkörper-Werkstückgemisch gefüllten Arbeitsbehälters in Drehung um seine (senkrecht stehende) Achse, so wird die auf dem Teller liegende Masse mitgenommen und im Kreis bewegt. Gleichzeitig drückt sie die Fliehkraft nach außen und schafft in der Behältermitte einen Trichter.

An der feststehenden Außenwand wird die Masse abgebremst und weicht nach oben aus. Von dort kann sie auf der Oberseite nur nach innen ausweichen und an der Trichterwand spiralförmig wieder nach unten auf den Drehteller rutschen.

Die größte Kraft zwischen den sich ungleich schnell bewegenden Schleifkörpern und Werkstücken entsteht unten in der Nähe der Wand des Behälters, wo die Schüttung abgebremst und umgelenkt wird. Der geschilderte Bewegungsablauf verleiht diesem Maschinentyp eine mehr als 50-fache Schleifleistung gegenüber einer Glocke. Das Prinzip einer Teller-Fliehkraftmaschine ist in Abb. 2.5 wiedergegeben.

Die linke Skizze zeigt einen vertikalen Schnitt durch den Arbeitsbehälter, während die linke Seite den Bewegungsablauf in dreidimensonaler Darstellung wiedergibt.

Blickt man von oben in den Arbeitsbehälter einer Fliehkraftmaschine während des Betriebes, so sieht man das in Abb. 2.6 gezeigte Bild. Sehr gut ist der Trichter in der Mitte des Drehtellers zu sehen.

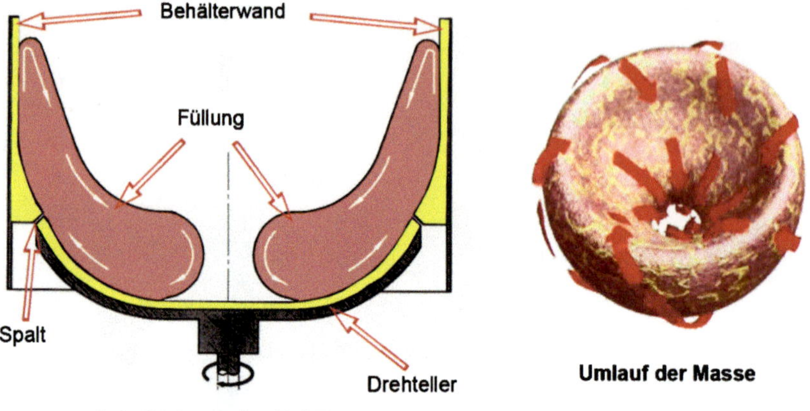

Abb. 2.5 Prinzip der Teller-Fliehkraftmaschine

Abb. 2.6 Blick von oben in
eine Fliehkraftmaschine

Eine quantitative Beschreibung der Bewegung in einer Teller-Fliehkraftmaschine
stammt von Körber [6]. Eine anwendungsbezogene Betrachtung der Fliehkraftmaschine
ist bei Hinz [7] zu finden.

Teller-Fliehkraftanlagen sind sehr weit verbreitet. Sie werden überall da eingesetzt, wo
eine hohe Schleifleistung gebraucht wird und die Werkstücke nicht mehr als faustgroß
sind.

Die Nutzvolumina der Fliehkraftmaschinen reichen von 30 bis zu etwa 400 Litern.

Die Masse wird gut umgewälzt und der Teller rutscht nicht durch, wenn die Bewegung der Schleifkörper im Trichter in Form einer Spirale deutlich nach unten läuft
und nicht auf gleichbleibender Höhe im Kreis fährt. Weiterhin muss die Masse auch
am Behälterrand langsam umlaufen und nicht stehen bleiben.

Im Gegensatz zu Trommeln und Glocken läuft kontinuierlich Prozesswasser durch den Arbeitsbehälter und hält so den Inhalt sauber.

> Die richtige Füllmenge einer Fliehkraftmaschine erkennt man daran, dass die umlaufende Masse einen kreisförmigen Trichter von etwa einem Drittel des Behälterdurchmessers erzeugt, der bis auf den Tellerboden reicht.

Die kritische Stelle in Teller-Fliehkraftmaschinen ist der notwendige Spalt zwischen der Behälterwand und dem Drehteller. Er muss so breit sein, dass Wasser und Abrieb ungehindert abfließen können, aber auch so schmal eingestellt werden, dass flache Werkstücke oder kleine Schleifkörper nicht in den Spalt gelangen können.

Das führt im Betrieb zu folgenden Problemen:

- Abwasser mit dem abrasiv wirkenden Abrieb fließt dauernd durch den Spalt und verschleißt Teller sowie Behälterwand (besonders an den Kanten).
- Schleifkörper-Splitter oder flache Werkstücke können den Spalt blockieren.
- Durch Erwärmung dehnt sich der Teller aus. Dadurch kann sich ein schmaler Spalt schließen, was zum Festschweißen von Teller und Wand führt.

Es reicht nicht die gewünschte Spaltbreite einmal einzustellen, sie muss auch über einen längeren Zeitraum gewährleistet bleiben. So hat es seitens der Hersteller viele Lösungsansätze gegeben, die z. T. auch in Kombinationen eingesetzt werden wie:

- Verstärkung der Ränder von Teller und Verschleißring durch Verwendung von Keramik oder Metall
- Temperaturmessung am Spalt
- Drehmomentüberwachung für den Teller
- Messung der Spaltbreite.

Bei kleineren Maschinen ist das Problem durch Erwärmung nicht so gravierend, daher genügt es, periodisch die Spaltbreite zu messen und nachzustellen.

Bei großen Maschinen (über 100 l Nutzvolumen) bekommt man die Erwärmung des Tellers durch Überwachung der durchfließenden Wassermenge in den Griff.

Damit bei verschlissenem unterem Behälterrand nicht der gesamte Arbeitsbehälter erneuert werden muss, sind alle größeren Fliehkraftmaschinen mit einem „Verschleißring" ausgerüstet, der dem Spalt außen gegenübersteht. Dieser Ring ist (wie auch der Teller) ein Verschleißteil.

Durch besondere Formgebung des Übergangs zwischen Drehteller und Verschleißring lässt sich der Verschleiß auf ein akzeptables Maß herabsetzen. Insgesamt hängt natürlich der Verschleiß von Teller und Ring stark von der Art der Bearbeitung ab.

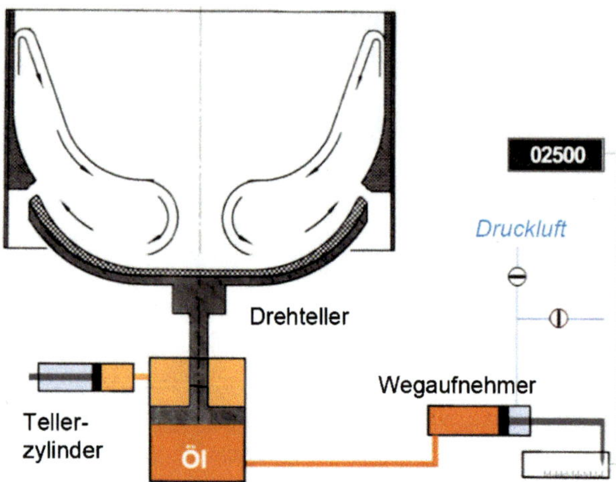

Abb. 2.7 Automatische Überwachung der Spaltbreite

Eine der aufwendigsten und sichersten Methoden zum Schutz von Teller und Verschleißring durch automatische Überwachung und Nachstellung der Spaltbreite hat Walther Trowal entwickelt. Das Prinzip dieser Überwachung ist in Abb. 2.7 dargestellt.

Dabei wird der Teller durch einen Hydraulikzylinder gehoben oder gesenkt und so die Breite des schrägstehenden Spaltes verstellt. Das dazu nötige Öl steht mit einem zweiten Zylinder in Verbindung, dessen Kolben einen Wegaufnehmer steuert. Dieser überträgt die Stellung des Drehtellers und somit die aktuelle Spaltbreite in die elektronische Steuerung der Maschine. Durch Vergleich des Messwertes mit dem Sollwert kann die Spaltbreite gut kontrolliert werden.

Eine komplizierte Überwachung der Spaltbreite kann entfallen, wenn die Maschine mit hohem Wasserstand betrieben wird, und der Spalt während des Betriebes mit Luft gespült wird. Auf diese Weise können keine flachen Werkstücke in den Spalt rutschen.

2.1.4.1 Ausführungen von Fliehkraftmaschinen

Nahezu alle großen Fliehkraftmaschinen verfügen über eine stufenlose Drehzahleinstellung. Damit kann die Schleifleistung gezielt gewählt und damit eine schonende bzw. kräftig schleifende Bearbeitung erreicht werden.

Große Fliehkraftanlagen ab 100 l, wie in Abb. 2.8 gezeigt, werden mit Schleifkörperschütte, Pufferbehälter und Siebmaschine ausgerüstet. Sie können durch zusätzliche Zuführ- und Abtransport-Einrichtungen voll automatisiert werden.

Während der Zeit, in der die Werkstücke von den Schleifkörpern abgesiebt werden, muss mit der Bearbeitung der nächsten Charge gewartet werden. Erst wenn die Schleifkörper vollständig in die Zuführschütte zurückgeführt sind, kann man die nächste Charge starten. Diese Unterbrechung bedeutet besonders bei kurzen Bearbeitungszeiten eine unbefriedigende Auslastung der Maschine.

Eine moderne Ein-Chargen-Anlage zeigt Abb. 2.8.

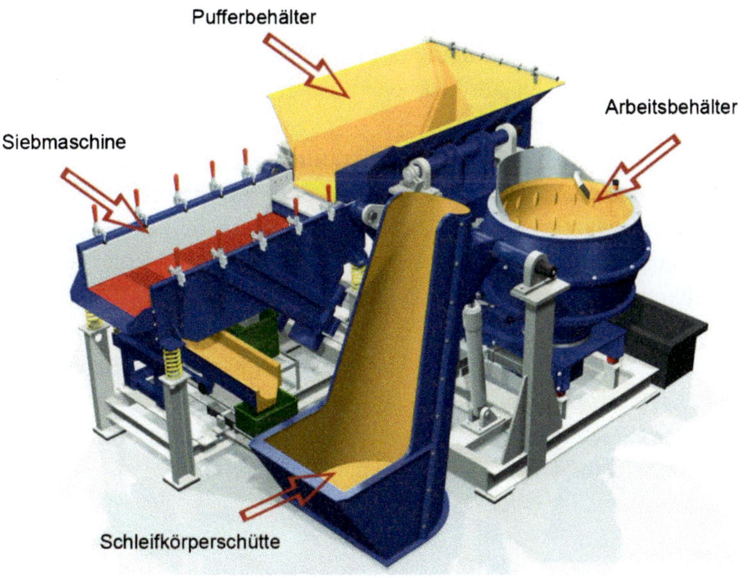

Abb. 2.8 Moderne Fliehkraftanlage mit 200 l Nutzvolumen

Abb. 2.9 Kleine Fliehkraftmaschine

Eine bessere Auslastung der Maschine erreicht man durch Einsatz von zwei Schleifkörperfüllungen. Während eine Füllung abgesiebt wird, kann die Maschine bereits die nächste Charge im Arbeitsbehälter bearbeiten. Derartig ausgerüstete Maschinen heißen daher „Zwei-Chargen Anlagen".

Eine besondere Konstruktionsart der Fliehkraftmaschinen sind die „Tandemanlagen". Bei dieser Version bedienen zwei Arbeitsbehälter eine Siebmaschine. Eine Tandemanlage schafft erst dann so viel wie zwei separate Maschinen, wenn die Bearbeitungszeit mindestens doppelt so lang ist wie die Separierzeit.

Kleine Fliehkraftmaschinen (bis 50 L Nutzvolumen), wie in Abb. 2.9 zu sehen, werden im Allgemeinen ohne Zusatzeinrichtungen betrieben.

Entleert wird der gesamte Inhalt der Maschine durch Kippen des Behälters von Hand, eventuell mit Unterstützung durch Federkraft oder Motor.

Um ein externes Sieben des Behälterinhaltes zu sparen, kann für Maschinen bis zu 60 L Inhalt eine Siebeinrichtung direkt an den Behälter angesetzt werden, wie es in Abb. 2.9 gezeigt wird.

2.2 Vibratoren

Vibratoren sind die am häufigsten eingesetzten Gleitschleifmaschinen.

Es werden Maschinen mit kastenförmigem Arbeitsbehälter gebaut, die „Trogvibratoren" sowie Maschinen mit rundem Arbeitsbehälter, den „Rundvibratoren". Deren Behälter ist im Allgemeinen ringförmig ausgebildet. Die Rundvibratoren machen bei weitem das Gros der Vibratoren aus.

2.2.1 Prinzip der Vibratortechnik

Der Arbeitsbehälter eines Vibrators ist fest mit einem Motor verbunden, der lediglich Unwuchtgewichte antreibt.

Arbeitsbehälter und Unwuchtmotor stehen frei schwingend auf einem Satz von Druckfedern, die ihrerseits auf einem Untergestell befestigt sind.

Die Unwuchten vibrieren bei sich drehendem Motor (normalerweise mit etwa 1400 1/min) und übertragen diese Schwingung auf den Arbeitsbehälter.

Die im Arbeitsbehälter enthaltene Füllung wird damit ebenfalls zum Schwingen angeregt. Dabei bewegen sich Schleifkörper und Werkstücke unterschiedlich und somit gegeneinander.

Ein Trogvibrator ist in Abb. 2.10 dargestellt.

Je größer die Schwingweite des Arbeitsbehälters und je höher die Drehzahl des Unwuchtmotors ist, desto mehr wird das Material des Arbeitsbehälters mechanisch belastet. Beiden Parametern sind nach oben Grenzen gesetzt, um das Material des Behälters nicht über Gebühr zu beanspruchen.

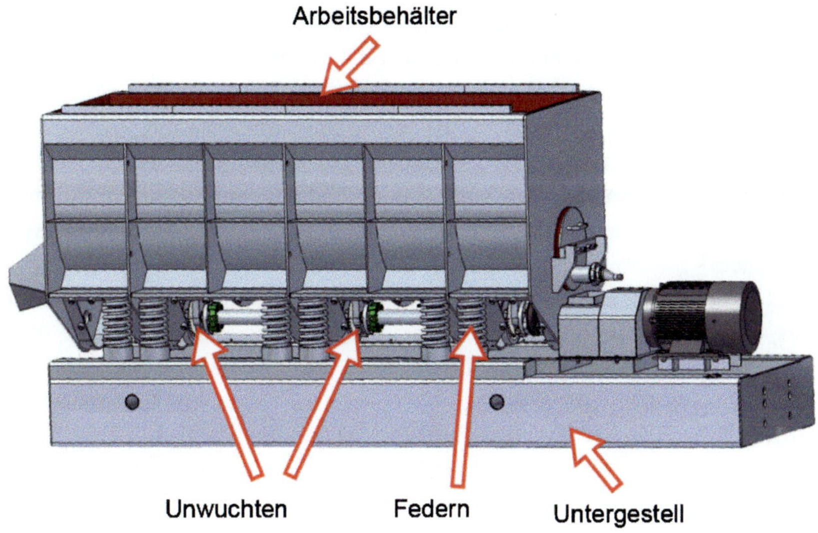

Abb. 2.10 Prinzip des Vibrators

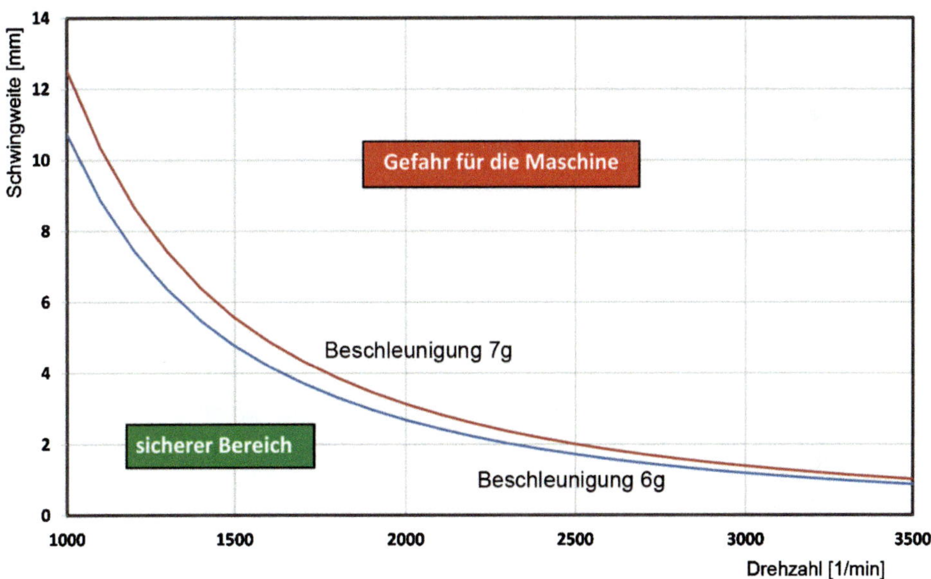

Abb. 2.11 Schwingweite und Drehzahl des Unwuchtantriebs

Das Diagramm in Abb. 2.11 gibt an, bei welchen Wertepaaren von Schwingweite und Drehzahl der Vibrator sicher betrieben werden kann und ab welchen Wertepaaren Material und Schweißnähte gefährdet sind.

Bis zu einer Beschleunigung von 6 g (6-fache Erdbeschleunigung) hält der Stahl nahezu „ewig". Das ist im Diagramm der Bereich unterhalb der blauen Linie. Bei höheren Beschleunigungswerten tritt zunehmend Materialermüdung und Zerstörung des Behälters ein. Daher kann man bei unbedachter Einstellung von Unwucht und Drehzahl den Arbeitsbehälter innerhalb kurzer Zeit zerlegen.

Die Drehzahl des Motors kann man am Typenschild oder am Frequenzumformer ablesen. Wie aber kommt man zur zweiten wichtigen Größe, nämlich der Schwingweite des Arbeitsbehälters?

Zum Glück gibt es ein recht einfaches Hilfsmittel. Es ist ein Aufkleber, der auf die Wand des Arbeitsbehälters geklebt wird. Das Aussehen des Aufklebers ist in Abb. 2.12 gezeigt.

Die Zeichnung enthält Kreise unterschiedlicher Größe sowie strahlenförmige Geraden in einem 180° Sektor.

Bei stehender Maschine sieht der Aufkleber aus, wie auf der linken Zeichnung in Abb. 2.12. Auf der rechten Seite ist nicht etwa eine unscharfe Aufnahme der Zeichnung zu sehen, sondern das entstehende Bild bei laufender Maschine. Man sieht jeden der Kreise in Schwingrichtung bis zum Umkehrpunkt der Schwingung vervielfacht. Derjenige Kreis, der seinen „Doppelgänger" gerade am Umfang berührt, (siehe Pfeil) hat den Durchmesser der Schwingweite des Behälters. Damit die Abschätzung möglich wird, sind an den Kreisen deren Durchmesser eingetragen.

Auch die Geraden haben eine Bedeutung: Sie zeigen die Schwingungsrichtung an. Bleibt eine Gerade schmal, so erfolgt die Schwingung in Richtung der Graden. Damit kann man eine Förderrinne möglichst waagerecht, eine Siebmaschine besser senkrecht schwingen lassen.

Ein Vibrator wälzt die Masse nur dann gut um, wenn der Arbeitsbehälter zu etwa 80 % mit Schleifkörpern und Werkstücken gefüllt ist. Dabei spielt auch das Volumenverhältnis zwischen Werkstücken und Schleifkörpern eine Rolle.

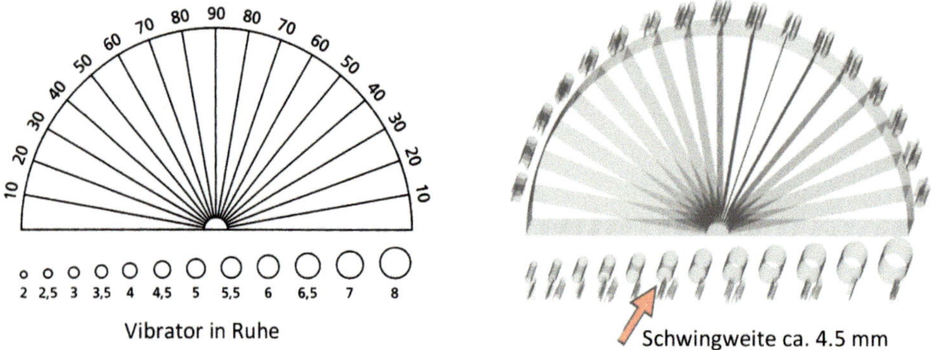

Abb. 2.12 Aufkleber zur Ermittlung der Schwingweite des Arbeitsbehälters

Je nach Empfindlichkeit der Werkstücke wählt man ein Verhältnis des Werkstückvolumens zum Schleifkörpervolumen 1 : 2 bis 1 : 10.

Die optimale Gesamt-Füllmenge ist gleich dem von den Herstellern festgelegten Nutzvolumen. Sie ist meist in Litern angegeben.

Um das Gewicht zu erhalten, muss der Wert bei Verwendung von Keramik-Schleifkörpern mit 1,6, bei Kunststoff-Schleifkörpern mit 1,2 multipliziert werden.

In den Anhängen I und II sind Diagramme zur Ermittlung der nötigen Schleifkörper-Füllmenge zu finden.

2.2.2   Trogvibratoren

Wie schon der Name sagt, hat der Arbeitsbehälter die Form eines Troges. Kurze Tröge werden von einem Unwuchtmotor angetrieben, der unter dem Arbeitsbehälter montiert ist.

Langgestreckte Trogvibratoren sind mit einer waagerecht unter dem Behälter liegenden Welle ausgerüstet, die mehrere Unwuchtgewichte trägt.

So können sich in der Schleifkörpermasse keine Schwingungsknoten oder Zonen mit schlechter Umwälzung bilden.

Trogvibratoren, die zum Kugelpolieren eingesetzt werden, können die Unwuchtmotoren vorteilhafterweise auch an den Stirnseiten des Troges tragen.

Trogvibratoren arbeiten normalerweise chargenweise.

Die bearbeiteten Teile müssen entweder einzeln entnommen werden oder der gesamte Troginhalt ist auf eine externe Siebmaschine zu entleeren Dort müssen dann die Werkstücke von den Schleifkörpern separiert werden.

Deshalb werden Tröge vor allem zur Bearbeitung großer Einzelwerkstücke eingesetzt. Die Umwälzung des Troginhaltes erfolgt in „Scheiben" senkrecht zur Längsachse des Troges, wie es in Abb. 2.13 skizziert ist.

Abb. 2.14 zeigt einen Trogvibrator mit eingesetzten Trennwänden.

Durch das Einsetzen von Trennwänden in den Arbeitsbehälter lassen sich mehrere Werkstücke gleichzeitig bearbeiten. Der Vorteil ist neben dem größeren Durchsatz, dass sich die Werkstücke nicht gegenseitig beschädigen können.

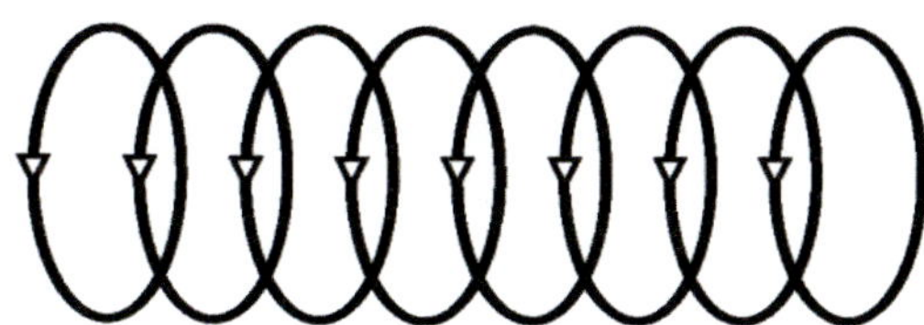

Abb. 2.13 Bewegungsverlauf im Trogvibrator

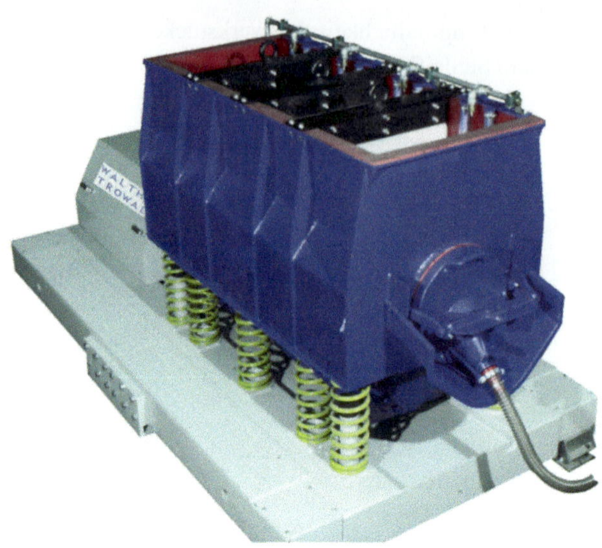

Abb. 2.14 Trogvibrator mit Trennwänden

Trogvibratoren werden in vielen Größen hergestellt, von einigen Litern Inhalt bis zu einem Volumen von über $2\,\mathrm{m}^3$.

2.2.3 Trog-Durchlaufanlagen

Trogvibratoren lassen sich konstruktiv so ausrüsten, dass die Werkstücke im kontinuierlichen Durchlauf bearbeitet werden können.

In diesen Anlagen werden die Teile (meist über ein Förderband) an einer der Stirnseiten eingegeben und wandern während der Bearbeitung durch den gesamten Langtrog. Auf der anderen Stirnseite verlassen sie den Arbeitsbehälter über eine Siebstrecke.

Während die fertigen Werkstücke ausgetragen werden, fallen die Schleifkörper auf ein Transportband, das sie zur Eingabeseite des Troges fördert und dort einfüllt. Eine solche Durchlaufanlage ist in Abb. 2.15 zu sehen.

Dadurch, dass vorne immer wieder Schleifkörper nachgefüllt werden, durchlaufen Schleifkörper und Werkstücke den gesamten Trog bis zum andern Ende.

Die Dauer des Durchlaufes (und damit die Bearbeitungszeit) kann durch unterschiedliche Schrägstellung des Arbeitsbehälters oder durch die Schwingweite eines separat angetriebenen Austragkanals eingestellt werden.

Durchlaufanlagen werden vorwiegend für große Serien an Werkstücken eingesetzt (z. B. für Druckgussteile). Die Werkstücke können so durch die Gleitschleifanlage laufen, wie es der Takt der Vorbearbeitung (z. B. die Gießanlage) vorgibt.

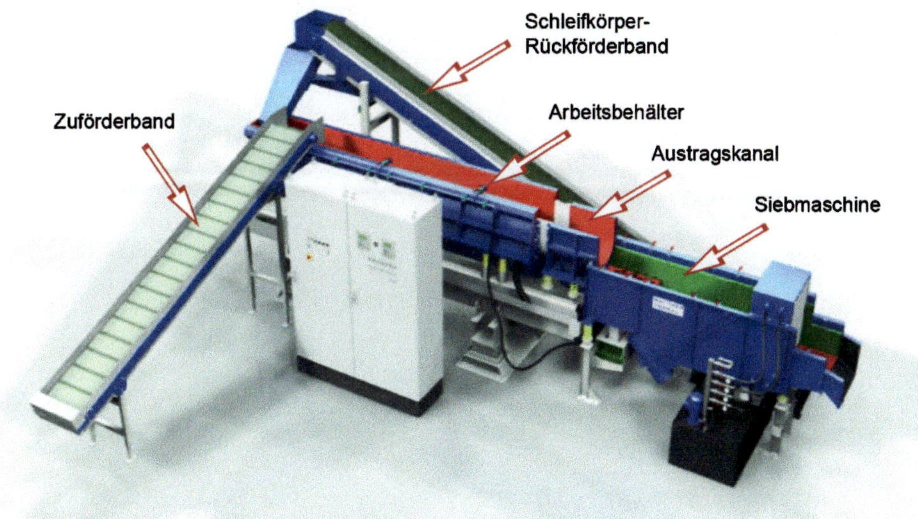

Abb. 2.15 Trog-Durchlaufanlage

2.2.4 Rundvibratoren

Bei den Rundvibratoren ist der Arbeitsbehälter zu einem Kreisring gebogen. Der Antriebsmotor steht senkrecht im Zentrum des Behälters.

Sowohl am oberen als auch am unteren Ende des Motors ist eine Einrichtung angebracht, die eine Unwucht erzeugt. Die Lage der Unwuchten zueinander bestimmt die
Bewegungsart der Behälterfüllung. Deswegen wird auf die Arten der Unwuchten und ihre
gegenseitige Einstellung noch näher eingegangen.

Eine Schnittzeichnung eines Rundvibrators gibt Abb. 2.16 wieder.

Der ringförmige Arbeitsbehälter ist die Voraussetzung dafür, dass die Werkstücke nach
der Bearbeitung ausgetragen werden können, während die Schleifkörper in der Maschine
verbleiben. Dazu ist am Behälterrand ein Sieb integriert.

Man erreicht mit der richtigen Einstellung der beiden Unwuchten, dass die Füllung
des ringförmigen Arbeitsbehälters nicht nur wie im Trogvibrator scheibenweise umläuft,
sondern sich auch im Kreis vorwärts bewegt, wie in Abb. 2.17 dargestellt.

Dies ermöglicht ein Entnehmen der Werkstücke aus der Maschine, ohne dass die
Schleifkörper entnommen werden müssen.

Zum Austragen der Werkstücke wird eine sog. Separierklappe in das Schleifkörperbett
bis auf den Behälterboden abgesenkt und zwingt die gesamte Füllung über das Sieb.

Die Werkstücke werden ausgetragen, und die Schleifkörper fallen durch das Sieb in
den Behälter zurück.

Rundvibratoren werden in Größen von einigen Litern Inhalt bis zu einem Volumen von
$1\,\mathrm{m}^3$ gebaut.

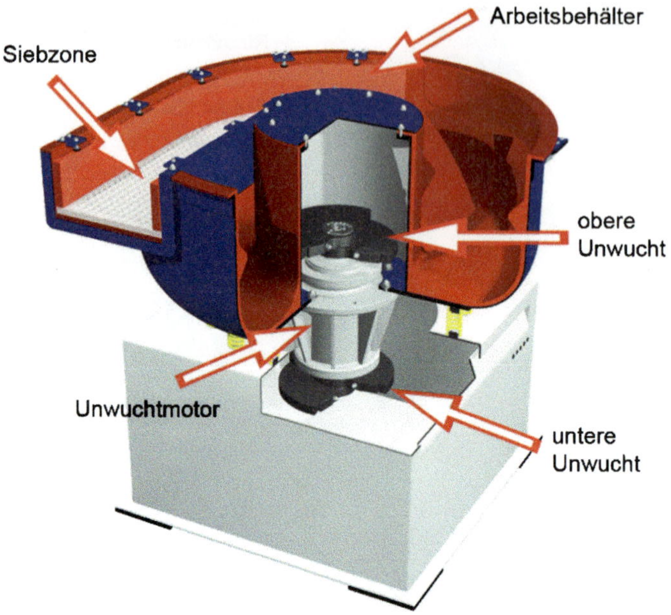

Abb. 2.16 Rundvibrator

Abb. 2.17 Bewegungsablauf
im Rundvibrator

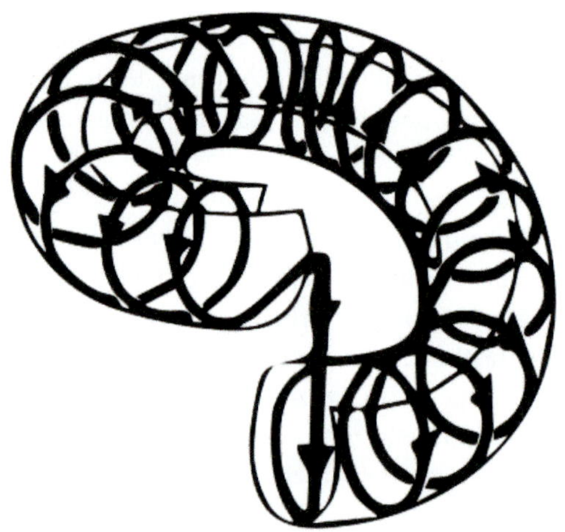

Eine neue Sorte Rundvibratoren besitzen nur einen zylindrischen Arbeitsbehälter, der wie ein Topf aussieht und von mehreren Unwuchterregern in Schwingung gebracht wird. Zwei der Motoren sind seitlich angebracht.

In diesen Vibratoren, die im Abschn. 2.2.6 beschrieben werden, lassen sich ausgezeichnete Polierergebnisse erreichen, wie sie sonst nur durch Trockenpolieren zu erzielen sind.

2.2.4.1   Unwuchterreger

Die Einstellung der Stärke der oberen und der unteren Unwucht bestimmt nicht nur die Intensität der Vibration (Schwingweite) und damit die Schleifleistung der Maschine sondern erzeugt auch eine Vorwärtsbewegung der Masse. Deshalb wird näher auf deren Funktion und Einstellmöglichkeiten eingegangen.

Die obere und die untere Unwucht sind unabhängig voneinander in ihrer Größe verstellbar. Gleichzeitig kann die obere Unwucht gegen die untere Unwucht um einen bestimmten Winkel versetzt werden. Den Winkel, den die Massenschwerpunkte der beiden Unwuchten beim Blick senkrecht auf die Motorachse einschließen, nennt man Versatz.

In Abb. 2.18 sind schematisch die Schwerpunkte der oberen und der unteren Unwucht als Kugeln dargestellt. In der linken Zeichnung liegen sie genau übereinander. In der mittleren Zeichnung ist die untere Unwucht gegenüber der oberen verdreht, es entsteht ein Versatz. Die rechte Zeichnung zeigt den Blick von oben auf die Motorachse bei versetzten Unwuchten. Der Versatz erzeugt die Vorwärts-Bewegung der Masse im Arbeitsbehälter (Vorschub genannt).

Normalerweise kann die vom Lieferwerk vorgenommene Standardeinstellung unverändert übernommen werden. Ein Verstellen der Unwuchten kann jedoch für besondere Bearbeitungen sinnvoll sein.

Die Unwuchterreger sind heute ausschließlich Unwuchtmotoren, bei denen die Unwuchtgewichte, bzw. Pakete direkt auf die Achsen des Motors gesetzt sind.

Die Ausführung der Unwuchtpakete ist je nach Maschinentyp unterschiedlich.

Einen Hinweis darauf, was ein Verstellen der einzelnen Unwuchtgewichte bewirkt, zeigt die Tab. 2.1. Dabei bedeutet die Verstellrichtung „mehr" eine höhere Unwucht bzw.

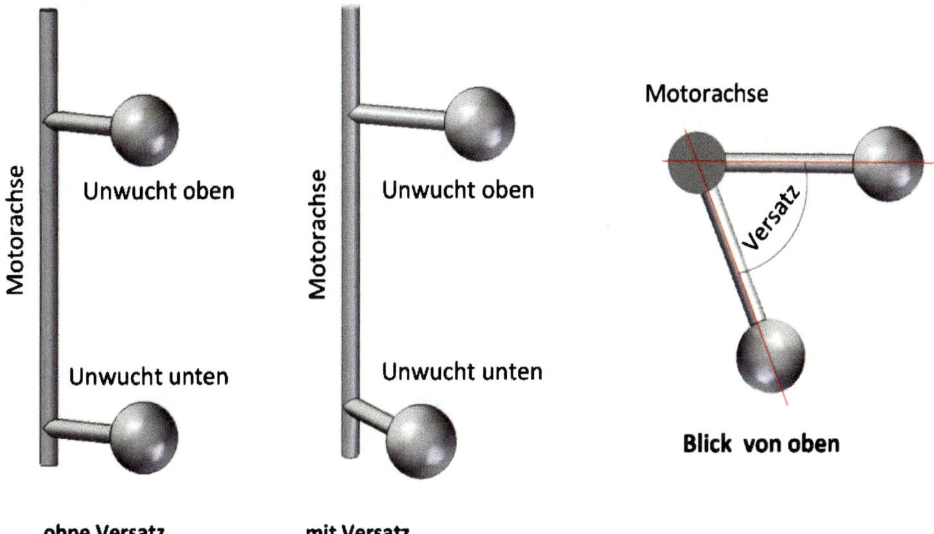

Abb. 2.18 Lage der Unwucht-Schwerpunkte

Tab. 2.1 Einfluss der Unwuchteinstellung

Verstell-Richtung	Obere Unwucht	Untere Unwucht	Versatz
Mehr	Einzug wird schlechter Umwälzung und Vorschub werden schneller stärkere Rückwalze	Einzug wird besser Umwälzung wird besser Schleifleistung wird höher kleinere Rückwalze	Vorschub wird schneller kleinere Rückwalze eventuell Separierprobleme
Weniger	Einzug wird besser Vorschub wird langsamer	Einzug wird schlechter weniger Schleifleistung stärkere Rückwalze	Vorschub wird langsamer stärkere Rückwalze eventuell besseres Separieren

höheren Versatz und umgekehrt „weniger" eine geringere Unwucht bzw. weniger Versatz. Das Auftreten einer Rückwalze bedeutet, dass sich die Schüttung, die sich quer zum Trogquerschnitt (oben nach innen) dreht, oben teilt und ein kleiner Teil der Schüttung in die Gegenrichtung nach außen wandert. Dies ist nachteilig für die Bearbeitung.

Durch die Einstellung der Unwuchten können so drei Bewegungen für die Maschinenfüllung eingestellt werden:

- Schwingweite (Stärke der Bearbeitung)
- Vorwärtsbewegung im Kreis
- Umwälzung quer zum Behälterring.

> Die Schleifleistung (Schwingweite) wird fast ausschließlich durch Verstellen der unteren Unwucht verändert.

Die „klassische" Bauweise der Unwucht

Jede Unwucht besteht aus zwei exzentrischen Stahlscheiben, die gegeneinander verdrehbar sind. Liegen die beiden Scheiben genau übereinander, so erzeugen sie die maximale Unwucht. Stehen sie sich dagegen diametral gegenüber, so entsteht keine Unwucht.

Auf dem oberen Unwuchtpaket ist auf einer Scheibe eine Skala mit Winkeleinteilung angebracht. Sie gibt an, wie weit die Scheiben gegeneinander versetzt sind und erlaubt so die Unwucht reduzierbar einzustellen.

Auf einer zweiten Skala kann der Versatz (also der Winkel zwischen dem Massenschwerpunkt des oberen und unteren Unwucht-Gewichtes) eingestellt werden.

Die Ausführung eines älteren Unwuchtmotors kann man in Abb. 2.19 auf der linken Seite sehen.

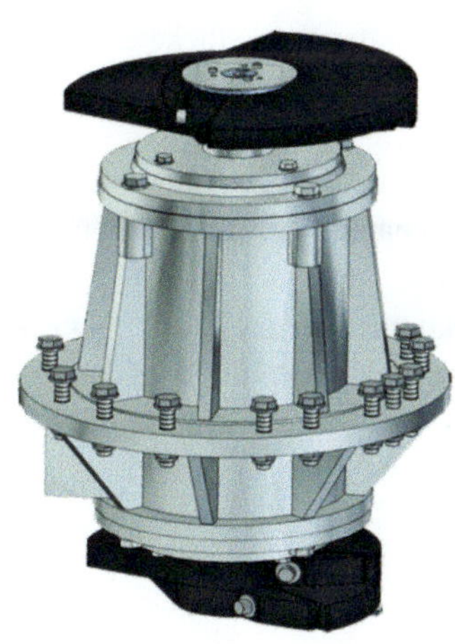

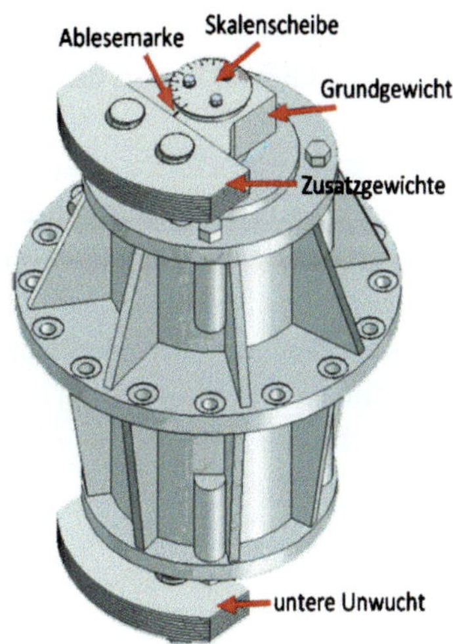

Älterer Unwuchtmotor   moderne Ausführung

Abb. 2.19 Ausführungen von Unwuchtmotoren

Moderne Unwucht-Anordnung

Moderne Unwuchten sind modular aufgebaut, d. h. sie bestehen aus einem Grundgewicht und aus mehreren Platten, die als Zusatzgewichte einzeln aufgelegt werden können. Dadurch erhält man eine größere Flexibilität.

Diese Anordnung ist in Abb. 2.19 auf der rechten Seite dargestellt.

Umschlagende Gewichte

Die Entwicklung der umschlagenden Gewichte bedeutet einen gravierenden Fortschritt in der Technik der Rundvibratoren.

Fixiert man ein Unwuchtpaket (Grund- und Zusatzgewichte) nicht fest auf der Motorachse, sondern gibt ihm Bewegungsfreiheit zwischen zwei Anschlägen rechts und links, dann wird diese Unwucht je nach Drehrichtung des Motors an dem einen bzw. dem anderen Anschlag anliegen.

Das bedeutet, dass sich mit der Drehrichtung des Motors und damit mit dem Umschlagen der Gewichte nicht nur Größe und Richtung des Vorschubs der Masse im Arbeitsbehälter ändern, sondern auch die Stärke der Unwucht und damit die Schleifleistung.

Auf diese Weise lässt sich beispielsweise zu Anfang der Bearbeitung im Rechtslauf des Motors eine hohe Schleifleistung erreichen, um dann am Ende des Prozesses im Linkslauf bei schonender Einstellung die Oberflächengüte zu verbessern.

Umschlagende Gewichte gewähren eine weitere bedeutende Möglichkeit:

Wenn nach erfolgter Bearbeitung kurz die Drehrichtung des Motors umgekehrt wird, dann läuft die Masse im Arbeitsbehälter rückwärts und die Zone unter der Separierklappe wird freigelegt. Senkt man die Klappe nun bevor der Motor in der ursprünglichen

Drehrichtung wieder gestartet wird, ist sichergestellt, dass kein Werkstück unter der Separierklappe eingeklemmt und so das vollständige Austragen der Werkstücke erreicht wird.

2.2.4.2 Separiereinrichtungen

Da die Masse im Arbeitsbehälter durch den Versatz beider Unwuchtpakete vorwärts läuft, kann sie nach der Bearbeitung über eine im Behälterboden angebrachte Rampe und eine abgesenkte Klappe über die Siebzone gezwungen werden.

Beim Absenken der Separierklappe kann es vorkommen, dass Werkstücke eingeklemmt werden. Dies kann bei Maschinen mit umschlagenden Unwuchtgewichten verhindert werden.

Die Siebeinrichtungen können unterschiedlich konzipiert sein:

- als normales Sieb
- als Umkehrsieb
- als Untergrößensieb.

Normales Sieb

Auf einer Standard-Siebstrecke, die im Arbeitsbehälter des Rundvibrators untergebracht ist, fallen die Schleifkörper durch das Sieb, während die Werkstücke, die größer als die Maschen des Siebes sein müssen, ausgetragen werden.

Siebe sind entweder aus Drahtgeflecht gefertigt oder bestehen aus gelochten Kunststoffplatten, wobei Drahtsiebe die größere freie Fläche besitzen und so ein schnelleres Absieben erlauben.

Wählt man Kunststoffplatten, können sich die Werkstücke in dem Draht nicht verhaken.

Ein Rundvibrator mit großer Siebzone ist in Abb. 2.20 wiedergegeben.

Abb. 2.20 Siebzone eines Rundvibrators

Die Auswahl eines Siebes richtet sich nicht nur nach Größe und Form der Schleifkörper, sondern auch nach der Form der Werkstücke. Dabei wird man die Lochgröße so
wählen, dass die Teile gerade noch gut transportiert werden und nicht durchfallen können.

Um Teile auf der Siebzone auszurichten oder schöpfende Teile zu entleeren, kann man
Leisten und Stolperstufen einbauen.

Bei den meisten Rundvibratoren sind zwei Drehzahlen wählbar. Auf die niedrigere
kann zum Separieren umgeschaltet werden, damit keine Schleifkörper mit den Werkstücken ausgetragen werden.

Für empfindliche Werkstücke können Drahtsiebe eingesetzt werden, die mit Kunststoff ummantelt sind. Vorteilhaft ist die Ausrüstung mit einem Frequenzumformer.
So kann die Drehzahl stufenlos und optimal auf spezielle Bearbeitungen eingestellt
werden.

Umkehrsieb
Sind die Werkstücke kleiner als die Schleifkörper, so werden nicht die bearbeiteten Teile
ausgetragen, sondern die Schleifkörper. Ein Umkehrsieb verhindert das. Mithilfe dieser
Einrichtung fallen die Werkstücke durch das Sieb auf eine Zwischenebene, die sie aus der
Maschine führt, während die Schleifkörper am Ende der Siebzone durch einen Spalt in
den Arbeitsbehälter zurückfallen.

Abb. 2.21 zeigt ein Umkehrsieb.

Abb. 2.21 Umkehrsieb

Stangensieb

Beim Stangensieb ist die gelochte Siebplatte durch einzelne parallel in Separierrichtung angeordnete Stangen ersetzt. Sinn dieser Einrichtung ist eine vergrößerte offene Siebfläche. Große und besonders flache Werkstücke können beim Transport über das Sieb leicht einen großen Teil der Siebfläche verdecken.

Werden Kleinteile in großer Zahl bearbeitet, so läuft die Masse der Werkstücke beim Absieben leicht zusammen mit den Schleifkörpern über die die Sieblöcher hinweg.

Hier kann ein Stangensieb, das in Kombination mit einem Umkehrsieb eingesetzt wird, das Problem lösen.

Ein Stangensieb ist in Abb. 2.22 zu sehen.

Untergrößensieb

Bei der Bearbeitung von Werkstücken mit Bohrungen, Nuten oder Durchbrüchen passiert es, dass Schleifkörper, die auf eine Mindestgröße abgeschliffen sind, im Werkstück stecken bleiben.

Um dieser Gefahr zu begegnen, müssen die zu kleinen Schleifkörper aussortiert werden.

Nur so braucht man zu diesem Zeitpunkt nicht die gesamte Schleifkörperfüllung wechseln.

Ein Untergrößensieb ist in Abb. 2.23 zu sehen.

Abb. 2.23 Untergrößensieb

Stolperleisten

Um schöpfende Teile auf der Siebzone zu drehen, werden Leisten eingebaut, auf denen sich die Werkstücke wenden. Stolperleisten sind an die speziellen Werkstückformen anzupassen.

Rundvibratoren ohne Siebzone

Wo eine besonders schonende Bearbeitung gewünscht wird, werden auch Rundvibratoren ohne Sieb eingesetzt. In diesen Maschinen ist der Boden des Arbeitsbehälters eben, da Rampe und Fallstufe fehlen. Damit ist allerdings ein wesentlicher Vorteil der Rundvibratoren, das selbsttätige Separieren aufgegeben.

Diese Rundvibratoren werden besonders gerne eingesetzt, wenn wenige Teile pro Charge zu bearbeiten sind, die sich zudem nicht gegenseitig berühren sollen. Oft werden dann Trennschieber (auch Spinne genannt) eingesetzt, die für jedes Werkstück eine eigene Kammer bilden. Abb. 2.24 zeigt einen Vibrator mit eingesetzter „Spinne".

Abb. 2.24 Rundvibrator mit „Spinne"

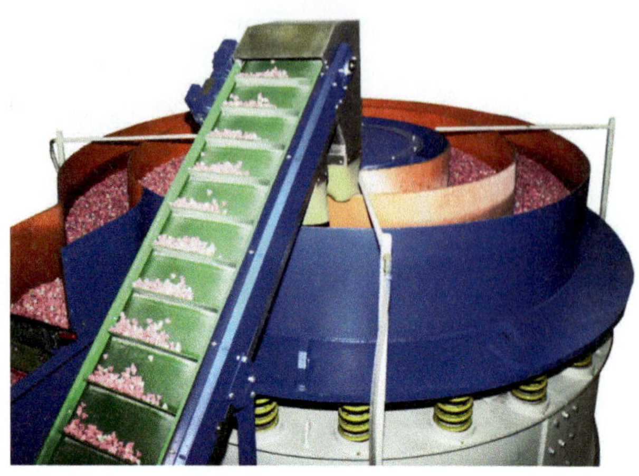

Abb. 2.25 Rund-Durchlauf-
anlage

2.2.5 Rund-Durchlaufanlagen

So wie Trogvibratoren als Durchlaufanlagen konzipiert werden können, gibt es auch
Durchlaufanlagen mit kreisförmigem Arbeitsbehälter. Dabei ist der Trog zu einer Spirale
geformt. Die Abb. 2.25 zeigt eine Durchlaufanlage mit rundem Arbeitsbehälter. In der
Behältermitte werden Schleifkörper und Werkstücke eingegeben.

Am äußeren Auslauf der Spirale werden die Werkstücke abgetrennt und die Schleifkörper über eine Fördereinrichtung wieder in die Mitte der Spirale zurückgeführt.

Diese Anlagen sind für das Schleifen oder Glätten kleiner Werkstücke geeignet, die nur
einer geringfügigen Bearbeitung bedürfen. Die maximal sinnvollen Bearbeitungszeiten
sind mit ca. 30 min länger als die der Trog-Durchlaufanlagen.

2.2.6 Topf-Vibratoren

Diese Vibratoren bestehen aus einem senkrecht stehenden topfförmigen Arbeitsbehälter,
der wie bei den Rundvibratoren auf einem Kreis von Federn steht.

Das, was den Topfvibrator so besonders interessant macht, ist der Antrieb.

Außen an der Behälterwand sind die Unwuchtmotoren paarweise einander gegenüber-
stehend angeflanscht. Die Motorachsen stehen nicht senkrecht, sondern im leichten Winkel aus der Waagerechten gedreht. Eventuell ist unter dem Arbeitsbehälter ein weiterer
Unwuchtmotor angebracht. Die Größe jeder der Unwuchten sowie der Neigungswinkel
jeder Motorachse ist individuell einstellbar.

Das Wasser wird, gemischt mit Compound, auf die Oberfläche der Schüttung gesprüht.

Der Behälter wird mit kleinen Schleif- oder Polierkörpern gefüllt und mit hoher Frequenz und kleiner Schwingweite betrieben.

Durch die ungewöhnliche Anordnung der Motoren und die Flexibilität der Einstellung erhält der Topfvibrator seine besonderen Fähigkeiten:

- Die Abtragsleistung ist wesentlich höher als bei Rundvibratoren. Und das bei niedrigerem Schleifkörperverbrauch, so dass diese Vibratoren effektiver und kostengünstiger arbeiten.
- Das Verhältnis der Materialabtragung zwischen Kanten und Flächen ändert sich zu einer geringeren Abtragung der Kanten. Sie werden also geschont.
- Die Werkstücke können am Boden fixiert werden. (durch Aufschrauben oder magnetisch).
- Die Topf-Vibratoren eignen sich hervorragend zum Hochglanz-Polieren (sogar für Aluminium und Keramik). Man erreicht besonders bei Einsatz von Polierpaste hochwertige Polituren, wie sie sonst nur beim Trockenpolieren entstehen.
- Topf-Vibratoren lassen sich nicht nur mit Formkörpern betreiben, sondern auch mit losem Schleif- oder Polierkorn, was eine besonders schonende Bearbeitung erwirkt. Sogar eine wässrige Suspension mit losem Korn kann zur Bearbeitung durch die Maschine gepumpt werden.
- Die Innenbearbeitung von Werkstücken ist möglich. Bohrungen (auch sich kreuzende Bohrungen) bis minimal 4 mm Durchmesser können entgratet werden, wenn die Werkstücke im Arbeitsbehälter fixiert sind.

Abb. 2.26 Topf-Vibrator

Weitere Informationen über den Topf-Vibrator sind bei C. Blumenstengel [8] zu finden. Ein Topf-Vibrator wird in Abb. 2.26 gezeigt.

2.3　Schleppschleifanlagen

Das Schleppschleifen wurde aus dem Tauchschleifen entwickelt, bei dem fixierte Werkstücke in einen kreisförmigen, sich schnell drehenden und mit Poliergranulat gefüllten Behälter getaucht sind.

Bei den Schleppschleifmaschinen sind die Werkstücke über dem ruhenden kreisringförmigen Arbeitsbehälter an Wellen (Adapterwellen) unter einem Drehteller aufgespannt. Der Teller zieht die Werkstücke durch die Schleifkörpermasse.

Um eine möglichst gleichmäßige Bearbeitung aller Bereiche eines Werkstücks zu erreichen, drehen sich die Wellen zusätzlich zum Drehteller. Aus dem gleichen Grund wird die Drehrichtung des Drehtellers nach der halben Bearbeitungszeit umgekehrt.

Durch die hohe Geschwindigkeit der Werkstücke durch das Schleifkörperbett (bis zu 1,7 m/sec) baut sich ein hoher Schleifdruck auf und man erzielt riesige Abtragsleistungen. Da die Werkstücke aufgespannt sind, werden sie ohne gegenseitige Berührung bearbeitet.

Schleppschleifanlagen werden hauptsächlich in zwei Größen gefertigt. Große Anlagen mit einem ringförmigen Arbeitsbehälter haben etwa 1500 l Nutzvolumen. Kleine preisgünstige Anlagen mit topfförmigem Arbeitsbehälter etwa 100 bis 200 l.

Die großen Anlagen können mit mehreren Behältern oder mehreren Drehtellern ausgerüstet sein, um bei mehrstufigen Prozessen (wie Schleifen, Polieren) ein Teilehandling zwischen den Bearbeitungsstufen zu vermeiden.

Da die Werkstücke in Schleppschleifanlagen einzeln oder in Gruppen an den Adapterwellen aufgespannt werden, also nicht als Massengut behandelt werden können, entsteht ein Handlingsaufwand. Natürlich lässt sich das Be- und Entladen durch Roboter erledigen. Ein solches Investment rechnet sich jedoch nur, wenn große Serien zu bearbeiten sind.

Zwei Schleppschleifanlagen sind in den Abb. 2.27 und 2.28 wiedergegeben.

Man bearbeitet in Schleppschleifanlagen hauptsächlich hochwertige Werkstücke wie etwa Türgriffe, Armaturen, Getriebeteile oder Propeller; aber auch Stuhlgestelle, Motorgehäuse und Autofelgen.

Folgende Parameter kann man an Schleppschleifanlagen einstellen:

- Tellerdrehzahl
- Drehzahl der Adapterwellen
- Geometrie der Aufspannung
- Eintauchtiefe der Werkstücke
- Zeiten für die beiden Drehrichtungen des Tellers.

Diese Einstellungen bestimmen die Abtragsleistung der Maschine.

Abb. 2.27 Schleppschleifanlage mit etwa 1500 l Nutzvolumen

Abb. 2.28 Kleine Schleppschleifanlage mit 200 l
Nutzvolumen

Eminent wichtig für den Schleifkörperverbrauch ist die Geometrie der Aufspannung der Werkstücke. Durch geschickte strömungsgünstige Ausrichtung kann man den Verbrauch an Schleifkörpern drastisch reduzieren.

2.4 Leistungsvergleich der Maschinentypen

Die beschriebenen Maschinentypen haben sehr unterschiedliche Abtragsleistungen. Während die Glocken die Werkstücke nur zu „streicheln" scheinen, kann man Werkstücken in Schleppschleifmaschinen beim Entgraten beinahe zusehen.

Trägt man die Schleifleistung verschiedener Maschinentypen gegen den Schleifkörperverbrauch auf, so erhält man das Bild in Abb. 2.29.

Schon die erforderliche doppeltlogarithmische Auftragung im Diagramm zeigt den gewaltigen Unterschied in der Leistung (und dem Schleifkörperverbrauch) der verschiedenen Maschinentypen. Es fällt auf, dass die eingetragenen Maschinentypen nahezu auf einer Geraden liegen, mit Ausnahme der Schleppschleifanlagen.

Das bedeutet, dass der Schleifkörperverbrauch in den Maschinenarten (mit Ausnahme der Schleppschleifmaschinen) etwa proportional mit ihrer Schleifleistung zunimmt.

Die Rundvibratoren überstreichen aufgrund unterschiedlicher Bauweisen einen weiten Bereich. Am unteren Ende stehen die Rundvibratoren ohne integriertes Sieb.

Die Abweichung der Schleppschleifanlagen von dieser Gesetzmäßigkeit liegt vor allem daran, dass in diesen Maschinen nicht alle Schleifkörper dauerhaft bewegt werden und sich so nur die Schleifkörper aufreiben (in wahrsten Sinne des Wortes), die in unmittelbarer Umgebung der Werkstücke von diesen bewegt werden.

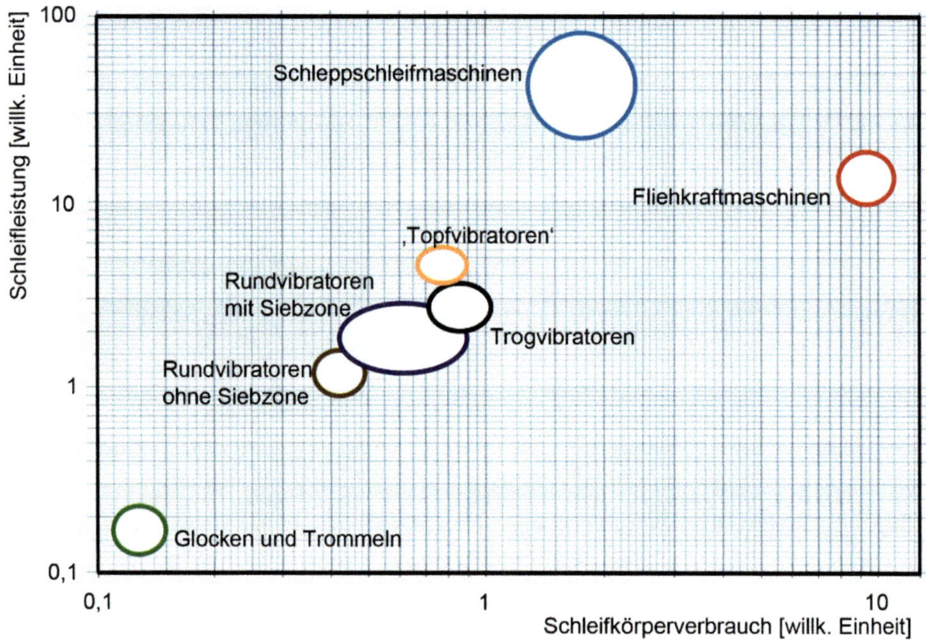

Abb. 2.29 Leistungsvergleich der Maschinentypen

2.5   Auswahl einer Maschine

Bei der Vielzahl von Möglichkeiten, die das Gleitschleifen bietet, kann ein optimales technisches und wirtschaftliches Ergebnis nur dann erreicht werden, wenn die passende Maschine entsprechend der Aufgabenstellung ausgesucht wird.

Für die Auswahl spielen folgende Parameter eine Rolle:

- Bearbeitungsziel
- Größe der Werkstücke
- gewünschte Durchsatzleistung.

Für das Entgraten, Glätten, Polieren, Reinigen und Beizen von Serienteilen sind Rundvibratoren die geeignetsten Maschinen, da sie niedriges Investment mit leichter Bedienbarkeit, automatischem Teile-Austrag und akzeptablen Betriebskosten verbinden.

Wenn besondere Anforderungen gestellt werden, wie etwa sehr hohe Abtragsleistung, extremer Hochglanz oder Berührungsfreiheit der Werkstücke während der Bearbeitung, treten andere Maschinentypen in den Vordergrund.

Nachfolgend eine kurze Beschreibung der Bearbeitungsziele, für die sinnvollerweise alternative Maschinentypen eingesetzt werden können.

GLOCKEN werden eingesetzt

- für schonende Bearbeitungen
- zur Erzielung hochfeiner Oberflächen (z. B. Polieren)
- für Kleinteile (nicht größer als 5 cm).

TROGVIBRATOREN wählt man

- für große Teile
- für Einzelbearbeitungen
- zum Kugelpolieren.

DURCHLAUFANLAGEN nimmt man

- zur kontinuierlichen Bearbeitung großer Serien oder empfindlicher großer Teile
- für Bearbeitungszeiten zwischen 5 und 30 min.

FLIEHKRAFTANLAGEN sind einsetzbar

- zum Hochglanzpolieren
- für hohe Schleifleistungen
- für Werkstücke, die nicht viel größer sind als 10 cm (Diagonalmaß) sind
- für kleine Chargen.

SCHLEPPSCHLEIFANLAGEN werden gebraucht

- für extrem hohe Abtragsleistungen
- für die Bearbeitung hochwertiger Teile, die sich gegenseitig nicht berühren dürfen.

2.5.1　Mindestgröße des Arbeitsbehälters

Die ungefähre Mindestgröße des zu verwendenden Arbeitsbehälters ergibt sich aus der Größe der zu bearbeitenden Werkstücke.

Dabei hat das Verhältnis der maximal möglichen Werkstückgröße zur Arbeitsbehälter-Abmessung für die unterschiedlichen Maschinentypen jeweils einen anderen Wert. Unter maximaler Werkstückgröße versteht man das Diagonalmaß:

- Glocke: 5 cm
- Vibrator: 2/3 der Breite des Arbeitskanals
- Fliehkraft: 1/5 des Behälterdurchmessers

2.5.2　Durchsatzleistung

Die gewünschte Durchsatzleistung bestimmt die Größe der benötigten Maschine (Nutzvolumen). Dabei wird man versuchen, die Größe der zu bearbeitenden Charge der Seriengröße der Werkstücke bzw. dem Volumen der gängigen Transportbehälter (oder dessen Vielfachem) anzugleichen. Natürlich kann die in einer bestimmten Zeit zu bearbeitende Teilemenge auch auf mehrere Maschinen verteilt werden.

Als Bearbeitungszeit geht nicht nur die für die reine Bearbeitung benötigte Zeit in die Rechnung ein, es sind vielmehr die Zeiten für das Beladen und Entladen zu addieren.

Bei Durchlaufanlagen muss als Bearbeitungszeit der Eingabetakt eingesetzt werden.

> Zum Entleeren von Rundvibratoren mit Siebzone benötigt man je 100 l Nutzvolumen ca. 2,5 min. Bei Trog-Vibratoren und Rundvibratoren ohne Sieb benötigt man die doppelte Zeit.

Da die Nutzvolumina der Maschinen in Litern angegeben sind, muss für eine Abschätzung bekannt sein, welches Werkstückvolumen pro Charge bearbeitet werden kann und wie lange die Bearbeitung einer Charge dauert.

Das Werkstückvolumen, das in ein bestimmtes Schleifkörpervolumen eingebettet werden kann, muss umso kleiner gewählt werden, je empfindlicher die Werkstücke in Bezug auf Markierungen und Beschädigungen sind. Es ist oft nur durch Versuche zu ermitteln.

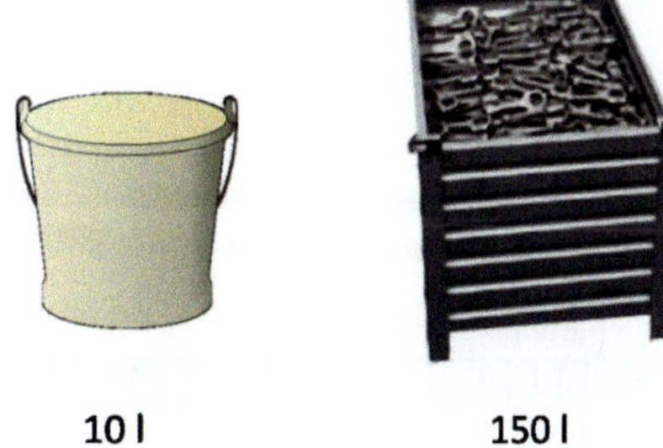

Das Volumen der Werkstücke wird bestimmt, indem ein Behälter bekannten Volumens mit Werkstücken gefüllt wird. Das so ermittelte Werkstückvolumen ist maßgebend, auch wenn die Werkstücke bei der Bearbeitung ein kleineres Volumen einnehmen können, da sie Schleifkörper-Zwischenräume ausfüllen.

In Abb. 2.30 sind zwei häufig benutzte Transportgefäße mit ihren Inhalten dargestellt. Man beachte, dass sie meist nicht bis zum Rand gefüllt sind. Daher die in der Abbildung zu niedrig erscheinenden Angaben.

Unabhängig davon sollte man für das erforderliche Maschinenvolumen zur Sicherheit das 1,5-fache des abgeschätzten Wertes einsetzen.

Meist wird anstelle des Werkstückvolumens das Volumenverhältnis Werkstücke zu Schleifkörper angegeben, aus dem sich mit der Schleifkörper-Füllmenge das Werkstückvolumen errechnet.

> Bei einem Verhältnis Werkstück: Schleifkörper von 1 : 3 machen die Werkstücke ein Viertel (!) des Behälter-Nutzvolumens aus.

Welches Mischungsverhältnis gewählt werden sollte, abhängig von der gewünschten Oberflächengüte, dem Werkstückmaterial und der Geometrie der Teile, veranschaulicht Abb. 2.31.

> Bei Standardbearbeitungen liegt dieses Verhältnis zwischen 1 : 2 und 1 : 5.
> Für sehr empfindliche Werkstücke werden jedoch auch Werte bis 1 : 10 gewählt.

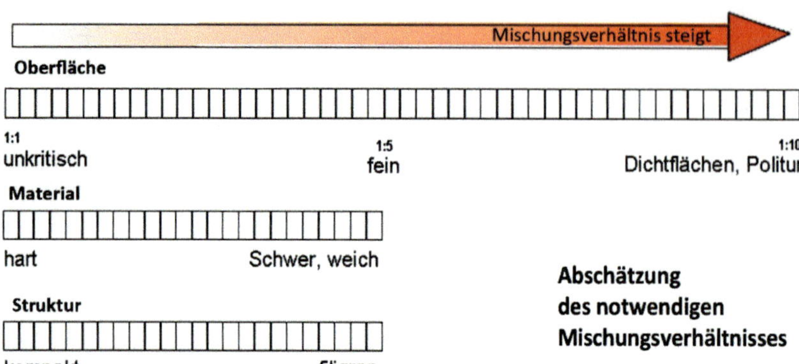

Abb. 2.31 Mischungsverhältnis Werkstücke zu Schleifkörpern

2.5.3 Berechnungsformeln

Die Berechnungsformeln zur Auswahl der richtigen Maschinengröße sind teilweise aus einer Firmenschrift von Walther Trowal [9] übernommen. Die Art der Berechnung variiert mit dem Maschinentyp und der Verfahrensweise. Formeln sind angegeben für

- Schüttgut im Chargenbetrieb
- Einzelteile im Chargenbetrieb
- Schüttgut im Durchlaufbetrieb
- Einzelteile im Durchlaufbetrieb.

Schüttgut Chargenbearbeitung

Das benötigte Maschinenvolumen (Nutzvolumen) kann nach folgender Formel ermittelt werden:

$$V = \frac{N \times (VE + 1) \times (BZ + NZ)}{60}$$

Dabei bedeuten:

V [l]   erforderliches Nutzvolumen
N [l/h]   gewünschte stündliche Produktionsmenge
VE Verhältnis Werkstücke: Schleifkörper (bei 1 : 10 wird 10 eingesetzt)
BZ [min]   reine Bearbeitungszeit
NZ [min]   Nebenzeiten (Laden + Entladen)

Beispiel

gewünschte Produktionsmenge: 100 l/h

Verhältnis Werkstücke: Schleifkörper: 1 : 5

Bearbeitungszeit: 30 min

$$V = \frac{100 \times (5 + 1) \times (30 + 12)}{60} = 420$$

Es wird eine Maschine von mindestens 420 l Nutzvolumen benötigt.

Mit diesem Wert kann die entsprechende Maschinengröße ausgesucht werden.

Es ist jedoch noch einmal zu prüfen, ob die zugehörige Behälterabmessung die Bearbeitung von Werkstücken der gegebenen Größe überhaupt erlaubt!

Einzelteile Chargenbearbeitung

Einzelteile (meist große Werkstücke) werden in Trog-Vibratoren je nach Empfindlichkeit einzeln bzw. zu zweit oder zu dritt bearbeitet. In Schleppschleifmaschinen können gegebenenfalls mehrere Werkstücke an einer Drehwelle aufgespannt werden.

Die Größe der Maschine richtet sich dann nur nach der Werkstückgröße.

Die erzielbare Produktionsmenge ergibt sich aus der Zahl der Werkstücke in der Maschine und dem benötigten Zeitaufwand pro Charge:

$$\boxed{N = \frac{Z \times 60}{BZ + NZ}}$$

N [l/h]   erzielbare stündliche Produktionsmenge

Z Zahl der Werkstücke pro Charge

BZ [min]   reine Bearbeitungszeit

NZ [min]   Nebenzeiten (Laden + Entladen)

Beispiel

Werkstückmenge in einer Charge: 5 Stück

Bearbeitungszeit: 30 min

Nebenzeiten: 6 min

$$N = \frac{5 \times 60}{30 + 6} = 8{,}3$$

Pro Stunde werden ca. 8 Werkstücke bearbeitet.

Schüttgut Durchlaufbetrieb

Die produzierte Menge an Werkstücken ist die, die sich innerhalb der Bearbeitungszeit durch den Arbeitstrog schiebt. Auf diese Durchlaufzeit wird die Maschine eingestellt (je nach Maschine zwischen 6 und 25 min).

Das benötigte Maschinenvolumen ist:

$$V = \frac{N \times (VE + 1) \times BZ}{60}$$

Die Variablen bedeuten:

V [l]   erforderliches Maschinenvolumen
N [l/h]   stündliche bearbeitete Teilemenge
VE Verhältnis Werkstücke : Schleifkörper (bei 1 : 10 wird 10 eingesetzt)
BZ [min]   Bearbeitungszeit

Beispiel

Stündliche Produktion: 300 l Werkstücke

Bearbeitungszeit: 15 min

Das Werkstück: Schleifkörperverhältnis ist 1 : 5

$$V = \frac{300 \times (5 + 1) \times 15}{60} = 450$$

Die Maschine muss damit 450 l Volumen haben.

Beispiel

Soll andererseits bei gegebener Maschine die stündlich zu bearbeitende Menge ermittelt werden, so ist:

$$N = \frac{V \times 60}{(VE + 1) \times BZ}$$

Beispiel

Maschinenvolumen: 450 l

Bearbeitungszeit: 15 min

Das Werkstück : Schleifkörperverhältnis ist 1 : 5

$$N = \frac{450 \times 60}{(5 + 1) \times 15} = 300$$

Die stündliche Produktion ergibt sich zu 300 l Werkstücken.

Einzelteile Durchlaufbearbeitung

Während der Bearbeitungszeit durchlaufen die Werkstücke den Arbeitsbehälter nacheinander. Die Maschine wird so eingestellt, dass die Füllung den Trog während der Bearbeitungszeit gerade einmal durchläuft.

Im Allgemeinen geht man bei der Berechnung von einer gegebenen Länge des Arbeitsbehälters aus (Herstellerangabe). Dann kann man mit der Bearbeitungszeit und den Werkstückmaßen den erforderlichen Mindesteingabetakt ermitteln.

Wenn keine Beschädigungsgefahr der Teile untereinander zu erwarten ist, können mehrere Teile zugleich eingegeben werden. Dies erhöht natürlich die Kapazität der Maschine.

Die stündlich produzierte Menge wird durch den Eingabetakt und die Zahl der je Eingabe zugegebenen Werkstücke bestimmt.

Die den Prozess kennzeichnenden Größen sind:

ET [sec/Stück] Taktzeit
ML [cm]   Länge des Arbeitsbehälters (Troglänge)
TL [cm]   Länge der Werkstücke
SI [cm]   Sicherheitsabstand (längs) zwischen den Teilen
BZ [min]   Bearbeitungszeit
N [Stück/h]   stündliche Produktionsmenge
WA   Anzahl der Teile im Walzenquerschnitt

Eingabetakt:

$$ET = \frac{(TL + SI) \times BZ \times 6}{ML \times 10}$$

Beispiel

Länge des Arbeitsbehälters: 6 m

Länge der Werkstücke: 10 cm

Sicherheitsabstand: 5 cm

Bearbeitungszeit: 8 min

$$ET = \frac{(10 + 5) \times 8 \times 6}{6 \times 10} = 12$$

Es ergibt sich eine Zeitspanne zwischen zwei Eingaben zu 12 sec.

Stündliche Produktion

$$N = \frac{WA \times 3600}{ET}.$$

Beispiel

Eingabetakt: 12 sec.

Es werden 3 Werkstücke pro Takt eingegeben.

$$N = \frac{3 \times 3600}{12} = 900$$

Es werden jede Stunde 900 Teile bearbeitet.

Andererseits lässt sich aus vorgegebenen Werten feststellen, ob die Länge des Arbeitsbehälters und die gewünschte Bearbeitungszeit ausreichend sind:

Länge des Arbeitsbehälters

$$ML = \frac{(TL + SI) \times BZ \times 6}{ET \times 10}$$

Beispiel

Länge der Werkstücke: 10 cm

Sicherheitsabstand: 5 cm

Bearbeitungszeit: 8 min

Eingabetakt: 12 sec

$$ML = \frac{(10 + 5) \times 8 \times 6}{12 \times 10} = 6$$

Der Arbeitsbehälter muss 6 m lang sein.

Bearbeitungszeit

$$BZ = \frac{ML \times 100 \times ET}{60 \times (TL + SI)}$$

Beispiel

Länge des Arbeitsbehälters: 6 m

Eingabetakt: 12 sec

Teilelänge: 10 cm

Sicherheitsabstand: 5 cm

$$BZ = \frac{6 \times 100 \times ET}{60 \times (10 + 5)} = 8$$

Die Bearbeitungszeit ergibt sich zu 8 min.

Die obigen Rechenformeln für die Durchlaufbearbeitung können natürlich nur brauchbare Ergebnisse liefern, wenn realistische Eingangswerte eingesetzt werden, wie z. B. für die Troglänge eines Langtrogs bis 700 cm und für die Bearbeitungszeit bis 20 min. Für einen Rundtrog sollte nicht mehr als 2500 cm Länge und 30 min Bearbeitungszeit gewählt werden.

Peripherie

3

Erst Zubehör und Peripheriegeräte machen Gleitschleifanlagen zu modernen automatisch arbeitenden Anlagen, die sich harmonisch in den Produktionsfluss eingliedern lassen.

Standardmäßig gehören zu jeder Gleitschleifmaschine:

- elektrische Steuerung
- Dosiersystem für Compound und Wasser.

Erweitert werden können die Anlagen durch Einrichtungen zum

- externen Separieren von Schleifkörpern und Werkstücken
- Waschen der Teile und für den Korrosionsschutz
- Trocknen der bearbeiteten Teile
- Sammeln und Fördern des Abwassers
- Handling der Werkstücke (vor und nach dem Gleitschleifprozess)
- Handling der Schleifkörper
- Arbeitsschutz z. B. Schallschutz

3.1 Elektrische Steuerung

Eine elektrisch betriebene Maschine ohne entsprechende Steuerungseinrichtung ist natürlich nicht denkbar.

Für kleine Vibratoren genügt ein einfacher Schaltkasten. Nötig sind der Ein-Aus-Schalter sowie eine Vorwärts-Rückwärts-Funktion für den Motor, der Schalter für den Wasserzulauf und die Dosierpumpe für das Compound. Etwas Komfort bedeuten die Möglichkeiten, eine zweiten Drehzahl zum Separieren zu wählen oder mit einem Zeitschalter die Laufzeit einer Bearbeitung vorzuwählen. Solch einfache Steuerungen lassen sich noch mit der leicht veralteten „Klappertechnik" verwirklichen.

© Springer Fachmedien Wiesbaden GmbH, ein Teil von Springer Nature 2018   47
H. Prüller, *Praxiswissen Gleitschleifen*, https://doi.org/10.1007/978-3-658-20927-8_3

Da speicherprogrammierbare Steuerungen (SPS) inzwischen erschwinglich geworden sind, werden fast alle Gleitschleifanlagen damit ausgerüstet.

Elektronische Steuerungen erlauben nicht nur die Grundfunktionen der Maschinen zu steuern und zu überwachen, sondern sie bieten darüber hinaus weitere wertvolle Möglichkeiten die gesamte Anlage zu regeln und zu automatisieren. Das kann bis zur vollautomatisierten Bearbeitung ohne Beaufsichtigung durch Personal führen.

Solche Möglichkeiten sind:

- Prozesse können kostengünstig automatisiert werden.
- Das Verfahren kann nach Inbetriebnahme noch auf leichte Weise variiert werden.
- Peripheriegeräte lassen sich in den Prozess einbinden, indem sie zum gewünschten Zeitpunkt zu- oder abgeschaltet werden oder mit eigenen Meldungen den Gleitschleifprozess beeinflussen.
- Der Ablauf der Bearbeitung kann über einen PC visualisiert und dadurch leichter überwacht bzw. alarmiert werden.
- Der Bearbeitungsablauf sowie die Parameter der einzelnen Chargen lassen sich dokumentieren.
- Durch Schaffung einer entsprechenden Schnittstelle werden die Ferndiagnose des Programms sowie Programmänderungen möglich.

Sind die Anlagen in Deutschland gefertigt, so entsprechen die elektrischen Einrichtungen natürlich den VDE-Vorschriften.

3.2 Dosiersysteme

Während des Gleitschleifvorgangs müssen Wasser und Behandlungsmittel (Compound) zugegeben werden.

Für die Einstellung der Wassermenge ist ein Schwebekegel-Durchflussmesser gebräuchlich. Oft ist zusätzlich ein Druckmesser für den Wasser-Netzdruck installiert.

Als Dosierpumpen für das flüssige Compound werden Membranpumpen benutzt, deren Membran durch einen Elektromagneten betätigt wird. Neuerdings sind auch Schlauchpumpen im Einsatz. Diese sind zwar selbstansaugend, haben aber den Nachteil, dass der Schlauch ein Verschleißteil ist.

Die Compound-Dosierpumpen werden oft gemeinsam mit der Wasserarmatur in einem „Dosierschrank" untergebracht.

Die zu dosierende Menge ergibt sich bei einer Membranpumpe durch Einstellung der Frequenz, mit der der Magnetkolben die Membran verformt und durch den Kolbenhub, der die Größe der Membranverformung (und damit die Fördermenge pro Hub) festlegt.

Membranpumpen werden meist mit einer maximalen Förderleistung von 2 l/h oder 6 l/h eingesetzt.

In Abb. 3.1 ist eine Dosierstation für Wasser und Compound abgebildet.

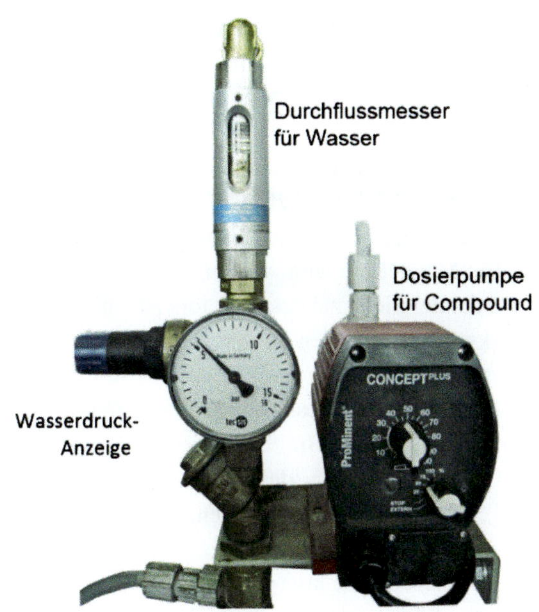

Abb. 3.1 Dosiereinrichtung

Die Fördermenge lässt sich ermitteln, indem man das Compound über eine definierte Zeit in einen Messzylinder laufen lässt („Auslitern").

Dabei muss die räumliche Anordnung von Vorratsgefäß, Dosierpumpe und Auslaufstelle genau so sein, wie im Betrieb der Maschine, da der Höhenunterschied zwischen dem Flüssigkeitsspiegel und der Auslaufstelle die Fördermenge beeinflussen.

Membranpumpen sind nicht selbstansaugend, d. h. Pumpe und Leitung sind bei der Inbetriebnahme mit dem Compound zu füllen und die Dosierung ist bis zur sicheren Förderung auf volle Leistung zu stellen. Die eingestellte Fördermenge ist auf ca. 5 % der Sollmenge genau, wenn die eingestellte Fördermenge nicht gerade im untersten Bereich liegt.

Früher wurden auch Pumpen benutzt, die nach dem Prinzip der Wasserstrahlpumpe funktionieren. Dabei saugte das Prozesswasser das Compound aus seinem Vorratsbehälter und vermischte es gleichzeitig. Die Fördermenge dieser Saugpumpen unterliegt vor allem bei kleinen Förderraten weitgehend dem Zufallsprinzip, deshalb ist diese Art auch fast vollständig verschwunden.

3.3   Separiereinrichtungen

3.3.1   Magnetseparatoren

Wenn Werkstücke und Schleifkörper eine ähnliche Größe aufweisen, ist das Ergebnis der Separierung höchst unbefriedigend. In diesem Fall ist für ferritische Werkstücke eine magnetische Separierung die Lösung.

Ein Magnetseparator wird in Abb. 3.2 gezeigt.

Über der Siebzone des Vibrators ist eine magnetische Rolle angeordnet. Diese zieht die Werkstücke nach oben auf ein Transportband ab, das die Teile (meist) in einen Trockner transportiert.

Rolle und Band des Magnetseparators müssen in der Höhe verstellbar sein und sollen nahezu die gesamte Breite des Sieb-Kanals ausfüllen.

Oft ist es nützlich, das Separieren mit größerem Abstand zwischen Magnettrommel und Sieboberfläche zu beginnen. Im Laufe des Separierungsvorganges wird der Magnet allmählich abgesenkt.

Auf diese Weise lässt sich die Gefahr verringern, dass sich zu Anfang des Separierens Trauben bilden, in denen Schleifkörper und Werkstücke miteinander verklemmt sind und so Schleifkörper mit den Werkstücken austragen.

Nahe der Abgabeseite besitzen die Magnetseparatoren eine Entmagnetisierungszone. Durch das Entmagnetisieren der Werkstücke wird verhindert, dass die Werkstücke zusammenkleben und die nachfolgende Bearbeitung erschweren.

Für die Entnahme kleiner Werkstückmengen lässt sich im einfachsten Fall ein äußerst preiswertes Gerät einsetzen: der Handmagnet.

Dies ist ein kräftiger Magnetstab. Er wird in die laufende Masse getaucht und daran hängenbleibende Werkstücke können entnommen werden.

Die letzten Werkstücke im Schleifkörperbett zu finden, kann sich allerdings zum kurzweiligen Angelspiel entwickeln.

Abb. 3.2 Magnetseparator

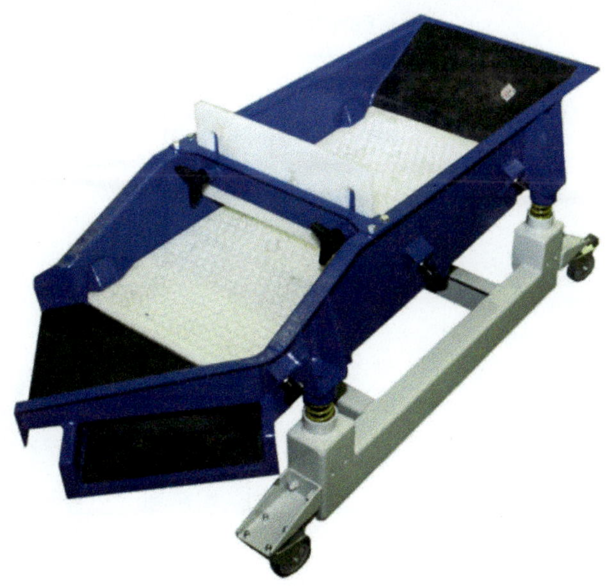

Abb. 3.3 Externe Siebmaschine

3.3.2 Siebmaschinen

Glocken, Trommeln, Trogvibratoren, Topf-Vibratoren und einige Rundvibrator-Typen besitzen kein integriertes Sieb.

Bei der Bearbeitung weniger großer Teile ist das kein Problem: Die fertigen Werkstücke werden einzeln entnommen. Andernfalls wird die gesamte Füllung des Arbeitsbehälters langsam auf eine Siebmaschine ausgeschüttet.

Sie wird durch einen Unwuchtmotor angetrieben, der in seiner Schwingweite eingestellt werden kann. Dadurch kann die Geschwindigkeit des Absiebens verändert werden.
Sie ist so einzustellen, dass keine Werkstücke über das Ende des Siebes hinweglaufen und
dann zusammen mit den Schleifkörpern ausgetragen werden.

Werkstücke und Schleifkörper werden auf diese Weise in getrennten Behältern aufgefangen. Die Schleifkörper müssen anschließend in den Arbeitsbehälter zurück gebracht
werden.

Dieses Verfahren ist natürlich viel umständlicher als die Separierung in der Gleitschleifmaschine.

Die Abb. 3.3 zeigt eine externe Siebmaschine.

3.4 Waschanlagen

Da Werkstücke mit anhaftendem Prozesswasser Abrieb ausschleusen, ist es in manchen
Fällen notwendig, die Werkstücke zu reinigen.

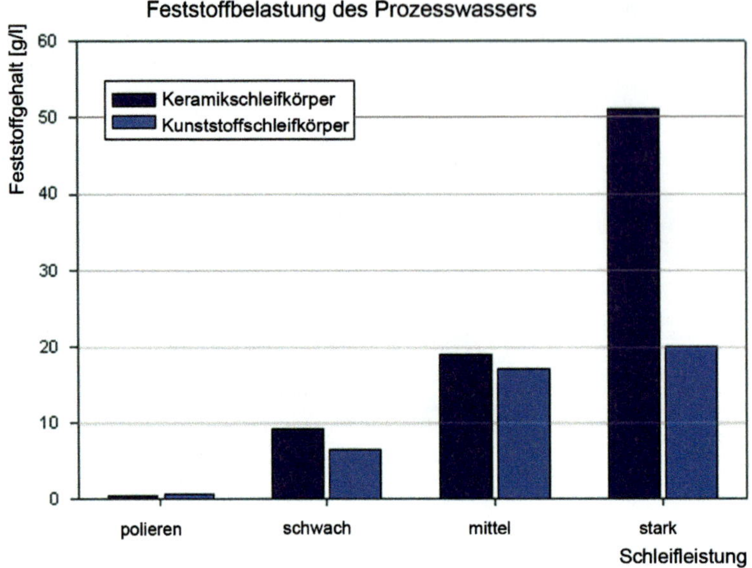

Abb. 3.4 Feststoffbelastung im Prozesswasser

Eine grobe Angabe über die Gehalte an Schwebstoffen im Gleitschleifwasser kann man dem Diagramm in Abb. 3.4 entnehmen.

Wie das obige Diagramm zeigt, sind Werkstücke, die die Gleitschleifmaschine verlassen, je nach Bearbeitung unterschiedlich stark mit Schmutzwasser behaftet. Dieses trocknet anschließend auf. Die auf den Werkstücken bleibende Verschmutzung richtet sich nicht nur nach der mit den Werkstücken eingetragenen Schmutzmenge, sondern auch nach der Menge des Schleifkörperabriebs und dem Wasserdurchsatz.

Für viele Einsatzwecke ist die nach dem Gleitschleifen an den Werkstücken haftende Schmutzmenge nicht akzeptabel. In diesen Fällen ist eine nachfolgende Reinigung durch Spülen erforderlich.

Für die Schmutzbelastung der Werkstücke ist es nicht so sehr entscheidend, in welchem Maschinentyp gearbeitet wird, da der erhöhte Abrieb in Fliehkraftmaschinen und damit die größere Abriebmenge durch einen höheren Wasserdurchsatz in etwa kompensiert wird.

Die Reinigung muss unmittelbar nach dem Gleitschleifen erfolgen, solange die Teile noch nass sind und der Schmutz sich noch leicht abspülen lässt.

Trocknet das anhaftende Wasser auf, so wird der erforderliche Reinigungsaufwand ungleich größer!

Eine leichte Reinigung der Werkstücke findet beim Trocknen der Werkstücke im Granulat-Trockner statt. Das Granulat reibt Verschmutzungen von der Werkstückoberfläche ab und nimmt sie auf.

Daher muss das Trocken-Granulat je nach Verschmutzungsgrad der Teile mehr oder weniger häufiger gewechselt werden.

Eine zusätzliche Reinigung erreicht man, indem man die Werkstücke auf der Siebzone abspült, während sie die Gleitschleifmaschine verlassen. Das Spülwasser läuft in die Maschine und dient zugleich als Prozesswasser.

Wirksamer ist die Installation einer Spülkammer am Ende der Siebzone. In dieser Kammer werden die Werkstücke von mehreren Seiten gespült.

Eine solche Einrichtung ist in Abb. 3.5 zu sehen.

Das Spülwasser kann im Kreis gefahren werden, wobei allerdings kontinuierlich etwas Frischwasser zugeführt werden muss, um das Spülwasser ausreichend sauber zu halten.

Auch hier kann das das überschüssige Wasser als Prozesswasser in den Vibrator gefördert werden.

Aufwändig sind separate Spüleinrichtungen, bei denen mit mehreren Spülkammern unterschiedlicher Wasserqualität (Kreislauf, Frischwasser, vollentsalztes Wasser) gearbeitet wird. Ein Vibrieren der Kammern bewirkt einen zusätzlichen Reinigungseffekt, da die Teile springen und sich dabei wahrscheinlich wenden. Auf diese Weise werden sie von mehreren Seiten abgespült.

Bringt man hinter eine solche Anlage noch eine Luftdusche, die die anhängende Flüssigkeit auf ein Minimum reduziert, so kann man sehr saubere Teile erhalten.

Abb. 3.5 Spülkammer über der Separierzone

3.5 Konservierungsanlagen

Die einfachste Methode, Werkstücke nach dem Gleitschleifen vor Korrosion zu schützen ist die, Waschanlagen auch zur Konservierung zu nutzen.

Man gibt dazu ein Korrosionsschutzmittel in den Spülkreislauf oder nur in das letzte Spülwasser. Stahlteile sind dann einige Tage vor Rost geschützt, wobei die Art der Legierung sowie Lufttemperatur und Feuchtigkeit eine Rolle spielen.

Einen wirksameren Korrosionsschutz erhält man, wenn die Werkstücke nach dem Waschen in ein entsprechendes Bad, das vorwiegend aus Mineralöl besteht (Dewatering Fluid), getaucht werden.

Soll die Korrosionsschutzmaßnahme automatisiert werden, so kommen Tauchbäder zum Einsatz, durch die die Werkstücke, die aus der Gleitschleifanlage fallen, mithilfe von Förderbändern gezogen werden.

3.6 Trockner

Fast alle bearbeiteten Werkstücke aus Stahl werden nach dem Gleitschleifen getrocknet.
Dafür stehen folgende Maschinen zur Verfügung:

- Trommeltrockner
- Vibrationstrockner
- Heißluft-Bandtrockner.

3.6.1 Trommeltrockner

Trommeltrockner sind die älteste Spezies aus dem Trockner-Sortiment.
Die Werkstücke werden an der Stirnseite einer gelochten Trommel eingegeben.
Um die Lochtrommel ist eine weitere Trommel gebaut, in der sich das Trockenmedium befindet. Die Trommeln sind leicht geneigt und rotieren langsam.
Dadurch durchwandern Werkstücke die Trommeln axial und treten an der anderen Stirnseite aus.
Das Trockenmittel ist erwärmtes Maiskolben-Granulat (40–60 °C) das über die Werkstücke beim Durchlauf rieselt.
Trommeltrockner sind für den kontinuierlichen Durchlauf größerer Teilemengen konzipiert.
Sie werden nur noch zum Trocknen von kleinen empfindlichen Werkstücken eingesetzt, da die Bewegung im Trommeltrockner sehr schonend ist.
Ein heute noch gängiges Anwendungsgebiet ist das Trocknen von Münzrohlingen.

Abb. 3.6 Trommeltrockner

In Abb. 3.6 ist ein Trommeltrockner zu sehen, sowohl die Gesamtmaschine, als auch ein Blick in das Innere der Trommel, der die Umwälzung von Trockengranulat und Werkstücken gut erkennen lässt.

3.6.2 Vibrationstrockner

Vibrationstrockner sehen aus wie Rundvibratoren und arbeiten auch so. Nur ist der Arbeitsbehälter im Allgemeinen nicht ausgekleidet. Zur Bestecktrocknung werden dagegen mit PU oder Keramik ausgekleidete Behälter eingesetzt.

Die Füllung besteht aus einem Granulat (z. B. Maiskolbenschrot, geschrotete Walnussschalen, selten Kunststoffgranulat).

Durch eine Heizung unter dem Arbeitsbehälter ist der Behälterinhalt 40–60 °C warm. Die den Teilen anhaftende Feuchtigkeit wird am Trocknungsmedium adsorbiert und verdunstet.

Anstelle der Separierklappe ist ein waagerecht liegender Schieber am oberen Ende der feststehenden Rampe eingebaut. Ist der Schieber zurückgezogen, fallen Teile und Granulat durch den Spalt zwischen Schieber und Sieb in den Behälter zurück. Ist der Schieber vorgeschoben und dadurch der Spalt geschlossen, so wandert die Masse über das Sieb.

Durch die Berührung der Werkstücke mit dem Granulat tritt ein leichter Reinigungs- und Poliereffekt auf. Der Reinigungseffekt kann insbesondere bei Kreislauffahrweise interessant sein, da in diesem Fall durch das schmutzigere Prozesswasser auch die Werkstücke mehr an Verschmutzungen mitnehmen. Je größer die anhaftende Schmutzmenge ist, desto häufiger ist das Trockengranulat zu wechseln.

Wenn auch anhaftender Schmutz entfernt wird, so muss man jedoch bei Verwendung von Holzprodukten als Trockenmittel damit rechnen, dass Holzstaub an den Werkstücken hängen bleibt.

Verwendet man Kunststoffgranulat, so ist die Reinigungswirkung geringer, die Gefahr der Kontamination durch Kunststoffpartikel ebenfalls. Der Trocknungsvorgang dauert länger, da die Feuchtigkeit jetzt nur auf den Oberflächen „verschmiert" wird.

Soll eine Verschmutzung durch Trockengranulat vermieden werden, so kann man ohne Trockenmittel fahren und stattdessen Heißluft in den Vibrator und durch das Gut blasen.

Vibrationstrockner werden meist chargenweise betrieben. Reicht eine kurze Trocknungszeit aus, kann man kontinuierlich trocknen, indem der Schieber dauernd geschlossen bleibt und so die Teile nach einem Umlauf ausgetragen werden.

3.6.3 Bandtrockner

Bei Bandtrocknern werden die nassen Werkstücke auf einem Drahtgurt durch eine Kammer transportiert, die von heißer Luft (80–120 °C) durchströmt wird.

Es können zwar keine Reste an Trockenmittel (weil nicht vorhanden) auf den Teilen zurückbleiben, aber das aus der Gleitschleifmaschine mitgeschleppte Wasser trocknet auf. Das kann zu Wasserflecken oder gar zu stärkeren Schmutzflecken an den Teilen und an den Kontaktstellen zum Gurt führen. Deshalb ist der Einsatz von Heißlufttrocknern in Kreislaufanlagen problematisch. Es sei denn, die Werkstücke werden vor dem Trocknen zwischengespült.

Bandtrockner arbeiten im Durchlauf. Da die Werkstücke nacheinander und oft einzeln auf das Band kommen und auf dem Band nicht bewegt werden, ist die Trocknung sehr schonend.

Um die Wärmeenergie besser zu nutzen, kann die Luft teilweise im Kreis geführt werden.

Heißluftbandtrockner werden vor allem zum Trocknen größerer Werkstücke eingesetzt, die einzeln auf den Drahtgurt gelegt werden.

Dadurch, dass die zu trocknenden Teile nicht übereinander liegen, erreicht die heiße Luft alle Oberflächen und gewährt eine bestmögliche Trocknung.

Ein Heißluft-Bandtrockner ist in Abb. 3.7 abgebildet.

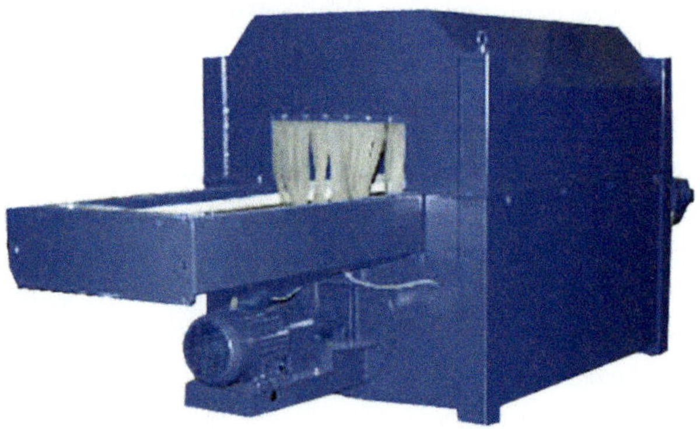

Abb. 3.7 Heißluft-Bandtrockner

3.7 Pumpstationen

Wenn das aus der Maschine ablaufende Schmutzwasser nicht direkt in eine Abwassergrube geleitet wird sondern an der Gleitschleifmaschine behandelt werden soll, so muss das Wasser im Allgemeinen gepumpt werden. Dazu stehen Kunststoffbehälter mit aufmontierten Pumpen (sog. Hebestationen) zur Verfügung.

Die Pumpen der Hebestationen werden über Niveauwächter geschaltet, die wiederum an die Steuerung der Gleitschleifmaschine angeschlossen sind.

Es ist darauf zu achten, dass sich im Verlauf der Wasserführung keine angedrosselten Ventile oder andere Verengungen befinden.

Diese würden sich durch die im Abwasser befindlichen Feststoffe schnell zusetzen.

3.8 Teilehandling

Einrichtungen zum Transportieren der Werkstücke sind die am häufigsten benutzten Peripheriegeräte, besonders wenn es um die Automatisierung des Prozesses geht.

Sie werden eingesetzt

- zur Zuführung der Werkstücke in die Maschine
- zum Transport zwischen den Anlageteilen
- zur Bereitstellung der Werkstücke für den Abtransport.

Diese Zusatzeinrichtungen existieren in sehr vielfältigen Ausführungen und sind konstruktiv auf die jeweilige Anlage zugeschnitten, mit der sie verknüpft sind.

3.8.1 Werkstück-Zuführung

Durch Einrichtungen zum Einfüllen von Werkstücken in die Gleitschleifmaschine werden vor allem Hebe- und Kippgeräte oder Vibrationsbunker eingesetzt.

Die kundenseitigen Transportbehälter werden in das Gerät gestellt, das dann den Behälterinhalt durch Umkippen in die Maschine füllt. Dabei ist es besonders sinnvoll den Inhalt der Transportkästen so zu wählen, dass er jeweils eine zu bearbeitende Charge ausmacht.

Eleganter gestaltet sich der Einsatz eines Vibrationsbunkers. Er besitzt einen Vibrationsmotor, der dafür sorgt, dass die Werkstücke durch einen Auslauf dosiert in die Gleitschleifmaschine gefördert werden können. So kann ein größerer Vorrat an Rohteilen im Bunker bereitgestellt werden, der nach Bedarf zur Bearbeitung abgerufen wird.

Abb. 3.8 Vibrationsbunker

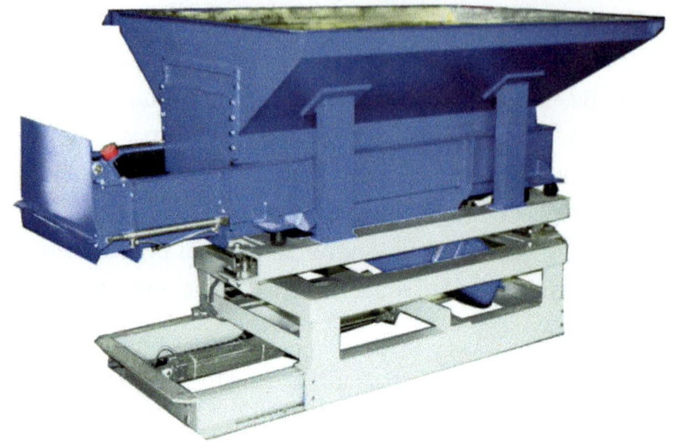

Abb. 3.8 zeigt einen Vibrationsbunker.

Bei Fliehkraftmaschinen muss der Arbeitsbehälter zum Entleeren des Behälters gekippt werden. Soll hier ein Bunker installiert werden, so muss er auf Schienen gesetzt werden, auf denen er vor und zurückgleiten kann.

Die Abgabemenge der Teile aus dem Bunker kann über einen Zeitschalter gesteuert werden oder genauer mittels einer Wägevorrichtung bestimmt werden. So können jeweils definierte Werkstückmengen in die Maschine gebracht werden.

Durch die oben aufgeführten Möglichkeiten kann ein Vibrationsbunker in einen vollautomatisch ablaufenden Gleitschleifprozess eingebunden werden.

3.8.2 Förderbänder

Förderbänder werden eingesetzt zum

- Transport von Werkstücken in die Maschine
- Transport der bearbeiteten Werkstücke zur Nachbehandlung (z. B. Trockner, Waschanlage etc.)
- Rücktransport von Schleif- bzw. Polierkörpern in den Arbeitsbehälter der Gleitschleifmaschine.

Führen die Bänder steil nach oben, so sind Querstege nötig, damit das Fördergut nicht zurückrutschen kann.

3.8.3 Rollenbahnen

Rollenbahnen sind aufwändiger als Bänder und natürlich nur für den waagerechten Transport geeignet. Sie erlauben es jedoch aufgelegte Objekte (meist große Teile oder Behälter mit Werkstücken) in verschiedenen Abschnitten des Transportweges unterschiedlich schnell zu bewegen.

Rollenbahnen werden vor allem eingesetzt, um Rohteile in Kundenbehältern bis an die Maschine zu bringen sowie sie wieder in dieselben Behälter zurückzufüllen.

Auf diese Weise ist eine Automation des gesamten Gleitschleifprozesses möglich.

3.8.4 Rückfüllsysteme

Rückfüllsysteme werden zur schonenden Rückverfüllung der bearbeiteten Teile in die Kundenbehälter eingesetzt. In ihrer einfachsten Form sind es Rutschen, an deren Ende die Werkstücke mittels PVC-Lappen abgebremst werden können.

Aufwändigere Systeme werden meist hydraulisch betrieben und so gestaltet, dass sie größere Fallhöhen der fertig bearbeiteten Werkstücke vermeiden.

3.8.5 Puffersysteme

Wenn es auch üblich ist Fertigteile direkt in Transportkästen zu füllen, werden auch für die Fertigteile Puffersysteme eingesetzt.

Zur schonenden Pufferung empfindlicher Werkstücke (vor allem aus Durchlaufanlagen) verwendet man gern Drehtische. Ein Drehtisch als Teile-Puffer ist in Abb. 3.9 dargestellt.

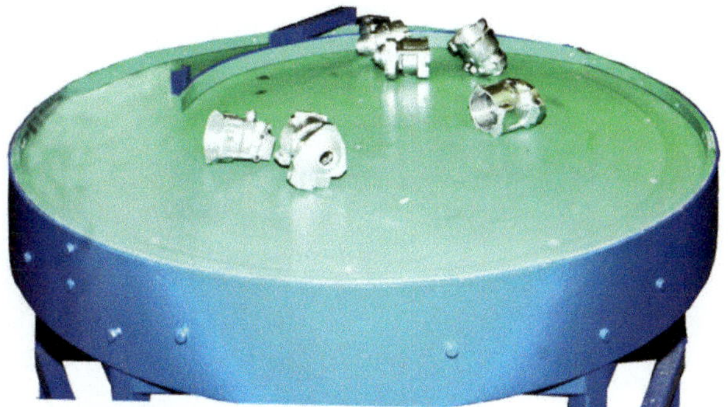

Abb. 3.9 Drehtisch als Teile-Puffer

3.9 Schleifkörper-Handling

Es sollte normalerweise keine besondere Herausforderung darstellen, mit den Schleifkörpern umzugehen. Sie werden in 25 kg Säcken geliefert und von dort in die Maschine geschüttet, wo sie sich sprichwörtlich für gute Ergebnisse aufreiben.

Es soll jedoch vorgekommen sein, dass Schleifkörper vorübergehend gegen eine andere Sorte ausgewechselt werden mussten.

Das Entleeren der Maschine geschieht bei den Vibratoren bei laufender Maschine über den Entleerungsstutzen.

Während man die Schleifkörper bei kleinen Fliehkraftmaschinen einfach ausschütten kann, lässt man sie bei den großen Maschinen über die Rückführ-Rinne herauslaufen. Doch wohin damit?

Das Abfüllen in Eimer oder Säcke wird zwar geübt, ist aber wenig genial, besonders wenn man an den Transport und die Zwischenlagerung denkt.

Eine sinnvolle Lösung sind sogenannte Schleifkörperwagen. Sie besitzen alle für ein effektives Arbeiten erforderlichen Eigenschaften:

- Geringe Einfüllhöhe
- Stapelbarkeit
- Fahrbarkeit
- Entleerungsöffnung am Behälterboden.

Schleifkörperwagen passen unter die Ausläufe der Maschinen und können zum Entleeren, im Kran über der Maschine hängend, dosiert Schleifkörper abgeben.

Abb. 3.10 zeigt einen Schleifkörperwagen.

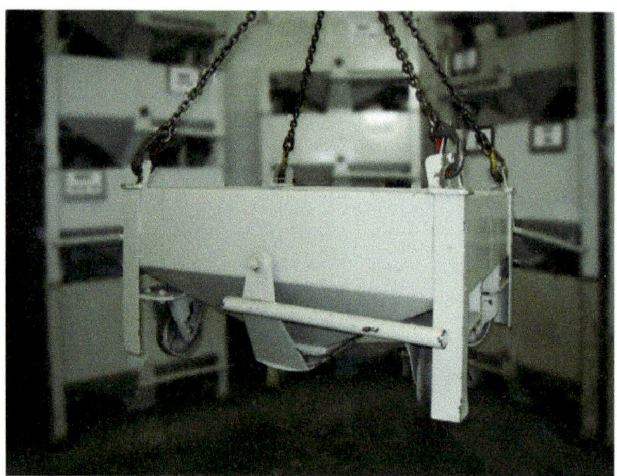

Abb. 3.10 Schleifkörperwagen

3.10 Schutzeinrichtungen

In Betrieb befindliche Gleitschleifanlagen unterliegen dem Maschinenschutzgesetz. Sie sind deswegen mit entsprechenden Schutzeinrichtungen auszurüsten.

- Der Schallpegel kann unter Umständen (z. B. große Keramik-Schleifkörper) mehr als 100 dB(A) erreichen. Deshalb sind in vielen Fällen Schallschutzmaßnahmen vorzusehen.
- Gleitschleifmaschinen und Peripherie besitzen eine Vielzahl beweglicher Teile, für die ein Berührungsschutz eingerichtet werden muss.
- Gleitschleifmaschinen werden elektrisch angetrieben. Deren elektrische Sensoren und Stellglieder stellen eine Gefahr für die Bediener dar.

3.10.1 Schallschutz

Der Geräuschpegel, den Gleitschleifmaschinen erzeugen, richtet sich stark nach der Maschinenart und -einstellung, besonders jedoch nach der benutzten Schleifkörpersorte.

Während eine kleine Fliehkraftmaschine, in der mit Paste poliert wird, leise vor sich hin läuft, hält die Geräuschkulisse eines großen, mit Keramik-Klötzen gefüllten Vibrators locker mit der einer angesagten Disco mit.

Die niedrigen Schwingungsfrequenzen, besonders von Trogvibratoren und Durchlaufanlagen, koppeln zusätzlich durch Körperschall an den Gebäude-Boden an. Aus diesem Grund stellt man die Maschinen oft auf Gummiplatten.

Die Lautstärke einer Gleitschleifanlage während der Produktion am Aufstellort lässt sich nur schwer vorhersagen. Alle Werte zwischen 70 und 110 dB(A) sind möglich.

Ausschlaggebende Parameter sind:

- Maschineneinstellung (Schwingweite, Frequenz)
- Art und Größe der Schleifkörper
- Größe und Art der Werkstücke
- Geräusch beim Beladen oder Entladen der Werkstücke
- Umgebung (z. B. Hall am Aufstellort, Fremdgeräusche).

So kann der Hersteller am Ort der Maschinenfertigung nur recht ungenaue Angaben machen.

Daher besteht ein Dilemma zwischen dem, was der Hersteller versprechen kann, und dem, was der Betreiber einhalten muss.

Über die Durchführung von Schallmessungen wird in Abschn. 11.9 berichtet.

Die am häufigsten eingesetzten Schallschutzeinrichtungen für Vibratoren sind Schallschutzdeckel. Während die kleineren Deckel manuell betätigt werden, sind die größeren pneumatisch zu öffnen und zu schließen.

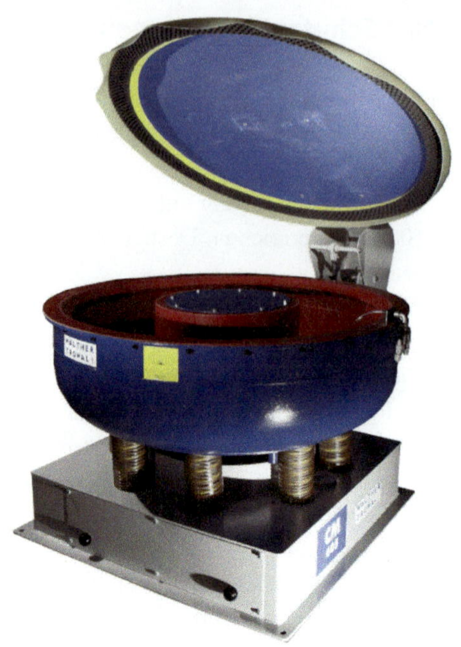

Abb. 3.11 Vibrator mit Schalldämmdeckel

Einen Rundvibrator mit geöffnetem Schalldämmdeckel zeigt Abb. 3.11.

Schalldämmdeckel ermöglichen einen leichten Zugang zur Maschine und daher die leichte Kontrolle des Bearbeitungsprozesses. Bei Vibratoren ohne Siebzone (wie in Abb. 3.11) sind diese Deckel besonders wirksam, da sie den Deckelrand vollständig abschließen.

Aufwändiger aber wirksamer sind Schallschutzkabinen, die die gesamte Gleitschleifanlage umschließen. Mitunter sind sie nach oben offen. Kabinen werden vorwiegend für große Trogvibratoren und Durchlaufanlagen eingesetzt, oft begehbar.

Mit Schallschutzdeckeln lässt sich der Schallpegel um 6–15 dB(A) verringern.

Geschlossene Kabinen sind deutlich wirksamer und können den Schalldruck einer Anlage auf 70–80 dB(A) bringen.

3.10.2 Schutz vor bewegten Teilen

Ein Zaun um die gesamte Anlage schützt den Bediener und andere Mitarbeiter vor der Berührung mit beweglichen Teilen. Das gilt für größere Anlagen mit Peripherieeinrichtungen, also vor allem für Fliehkraft-, Durchlauf- und Schleppschleifanlagen.

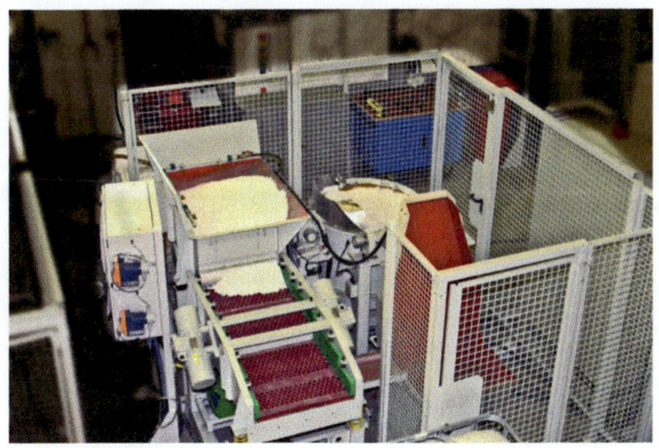

Abb. 3.12 Schutzzaun

Alle Türen des Zauns sind mit Sicherheitsschaltern ausgerüstet. Dadurch können die Türen erst geöffnet werden, wenn die Maschine abgeschaltet ist.

Wird der Schutzzaun als geschlossene Schallschutzkabine ausgebildet, lassen sich zwei Probleme mit einer Maßnahme lösen.

Ein solcher „Käfig" um eine Fliehkraftanlage ist in Abb. 3.12 zu sehen.

3.10.3 Schutz vor Elektrizität

Alle elektrischen Einrichtungen der bekannten deutschen Hersteller sind grundsätzlich entsprechend anwendbarer Vorschriften (wie VDE) ausgelegt.

Dadurch ist ein sicherer Berührungsschutz gegeben.

Da Gleitschleifanlagen Nassbereiche beinhalten, kommen die Bestimmungen für Installationen in Feuchträumen zur Anwendung.

Als zusätzliche Absicherung für den gesamten Anlagenbereich werden gelegentlich sogenannte Sicherheitsmatten um die Anlage ausgelegt. Tritt jemand auf eine der Matten, schaltet das System ab.

Schleif- und Polierkörper 4

Die Schleifkörper sind das eigentliche Werkzeug im Gleitschleifprozess.

Um aus der riesigen Vielzahl von Schleifkörpersorten (Materialien, Formen, Größen) diejenigen auswählen zu können, mit denen sich gute Bearbeitungsergebnisse erzielen lassen, muss man deren Eigenschaften kennen und deren Wirkung beurteilen können.

Schleifkörper bestehen heute aus einem Trägermaterial, das mit Schleifkorn gemischt und dann gebrannt oder gehärtet wird. Das Trägermaterial besteht aus Ton oder Kunstharz, das Schleifkorn aus Quarz, Korund oder seltener Siliziumcarbid.

Während heute fast nur noch Schleifkörper mit definierten Formen eingesetzt werden, benutzten Sparfüchse früher auch gebrochenes Material (Schotter, Hochofenschlacke, Kiesel).

Neben den „klassischen" Schleifkörpern werden auch Stahlkörper, Glaskugeln und Holzprodukte für spezielle Verfahren eingesetzt.

4.1 Allgemeine Eigenschaften

Für Eigenschaften aller Schleifkörper gelten einige Grundtatsachen:

- Während der Bearbeitung verschleißen die Schleifkörper, und zwar umso mehr je kräftiger sie schleifen.
- Das Material der Schleifkörner hat nicht nur Einfluss auf die Schleifleistung, sondern auch auf das Verhältnis zwischen Materialabtrag und Eigenabrieb.
- Schleifkörper mit hoher Schleifleistung setzt man ein, wenn es nicht auf die Oberflächengüte ankommt.
- Schleifkörper mittlerer Leistung werden vor allem benutzt, wenn neben Entgraten und Schleifen gleichzeitig geglättet, gereinigt und entfettet werden soll.
- Schleifkörper mit geringer Schleifleistung dienen zum Glätten, Glänzen, Feinschleifen sowie zum Beizen.

© Springer Fachmedien Wiesbaden GmbH, ein Teil von Springer Nature 2018
H. Prüller, *Praxiswissen Gleitschleifen*, https://doi.org/10.1007/978-3-658-20927-8_4

Abb. 4.1 Formbeständigkeit
von Schleifkörpern

- Polierkörper tragen nicht nennenswert Material ab und werden zum Glänzen und Polieren, eventuell zum Reinigen oder Entfetten eingesetzt.

Während die Schleifkörper im Einsatz immer kleiner werden, behalten sie nahezu ihre Form bei. Das zeigt Abb. 4.1. Hier sind jeweils ein neuer Schleifkörper und ein längere Zeit gelaufener einander gegenübergestellt.

4.1.1 Verklemmen

Leider neigen die Schleifkörper dazu, sich während der Bearbeitung in Durchbrüchen, Nuten und Bohrungen der Werkstücke zu verklemmen.

Dies umso mehr, da die Schleifkörper während ihrer Lebenszeit stetig kleiner werden und so irgendwann bestimmt die richtige Größe haben, um den richtigen Platz zu finden.

Möglichkeiten zum Steckenbleiben finden sind die Schleifkörper mehr als man sich vorstellen kann. Sie können sich dabei sogar zu mehreren zusammentun.

Dies verdeutlicht Abb. 4.2.

Sowohl die Form des Schleifkörpers als auch die Werkstückkontur hat Einfluss auf die Tendenz der Schleifkörper sich im Werkstück festzusetzen.

Abb. 4.2 Verklemmte Schleifkörper

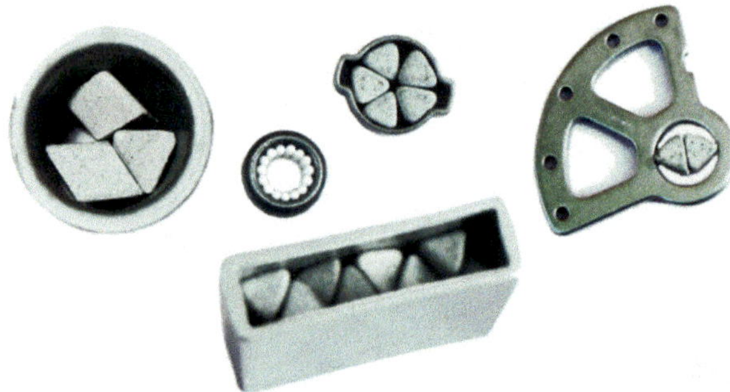

Bestimmte Werkstückkonturen wie Nuten, Bohrungen und Rippen laden die Schleifkörper besonders freundlich zum Verklemmen ein.

Bei der Bearbeitung quader- oder zylinderförmiger Werkstücke ist die Gefahr des Verklemmens naturgemäß äußerst gering.

4.1.2 Ausnutzung

Schleifkörper, die eine kritische Größe für das Verklemmen erreicht haben, sind entweder als „Untergrößen" abzusieben oder es muss die gesamte Schleifkörperfüllung ausgewechselt werden. Je nach Schleifkörperform können diese noch 50 % der Anfangsabmessung haben. Da kommen dem Betreiber leicht die Tränen, weil er glaubt, er habe nur die Hälfte seiner Schleifkörper nutzen können.

Doch es gibt auch hier (wie so oft) einen Trost. Einmal ist es oft möglich, die zu klein gewordene Schleifkörperfüllung für andere Bearbeitungen einzusetzen, zum anderen nutzt man interessanterweise die Schleifkörper weit mehr aus, als es uns die Betrachtung der abgenutzten Schleifkörper vormacht.

Der Verschleiß bis auf die Hälfte der ursprünglichen linearen Abmessung bedeutet nämlich eine Abnahme der Schleifkörpermasse von nur 12 %! Das heißt, 88 % der Schleifkörpermasse wurden genutzt.

Der Grund dafür ist, dass das Auge die geometrische Länge abschätzt. Für den Gewichtsverlust ist jedoch das Volumen des Schleifkörpers (3. Potenz der Länge) verantwortlich. Abb. 4.3 verdeutlicht den Zusammenhang in einem Diagramm.

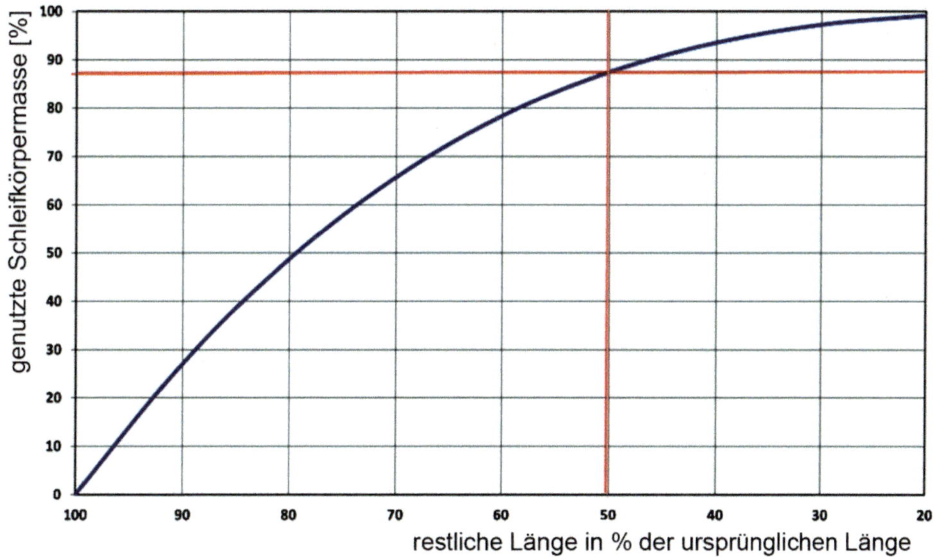

Abb. 4.3 Ausnutzungsgrad von Schleifkörpern

4.1.3 Oberflächenrauheit

Die Rauheit der Oberfläche wird hauptsächlich bestimmt durch die Schleifkörperwahl.

Je größer ein Schleifkörper ist und je höher seine Schleifleistung, desto rauer wird die erzeugte Oberfläche sein.

Bei der Beurteilung der Rauheit ist zu berücksichtigen, dass eine neue Schleifkörpermischung (alle Schleifkörper gleich groß) immer rauere Oberflächen erzeugt als ein „Betriebsgemisch", bei dem sich durch Abrieb und Nachfüllung Schleifkörper recht unterschiedlicher Größe gebildet haben, die die Werkstücke besser einbetten.

Will man bei einer Bearbeitung eine hohe Schleifleistung und zugleich eine geringe Oberflächenrauheit erhalten, so scheint das der Quadratur des Kreises nahe zu kommen.

Das Ziel lässt sich jedoch (wenn auch etwas umständlich) erreichen, indem man zuerst mit stark schleifendem Medium arbeitet und zum Schluss kurze Zeit mit schwach schleifendem. Das bedeutet allerdings einen Schleifkörperwechsel. Eine andere Möglichkeit bietet die unter Abschn. 2.2.4.1 Unwuchterreger beschriebene Methode der Drehrichtungsumkehr in Rundvibratoren mit umschlagenden Gewichten.

Weniger wirksam ist es, in den letzten Minuten der Bearbeitungszeit die Drehzahl des Motors herabzusetzen oder ein schaumbildendes Compound zuzugeben, um die Masse abzupuffern.

In Fliehkraftmaschinen und Schleppschleifanlagen hilft es auch das Wasser-Ablassventil zu schließen und mit hohem Wasserstand zu fahren.

4.1.4 Effektivität

Ursprünglich wurde der Begriff geprägt, um verschiedene Schleifkörpersorten in ihrem Nutzen miteinander vergleichen zu können:

$$\text{Effektivität} = \frac{\text{Materialabtrag}}{\text{Eigenabrieb}}$$

Da der erhaltene Wert das Verhältnis zweier Größen gleicher Dimension angibt, ist die Effektivität dimensionslos.

Ein Schleifkörper mit größerer Effektivität verschleißt also weniger bei gleichem Abtrag an Werkstückmaterial.

Da die Effektivität einer Bearbeitung nicht nur von der Qualität des verwendeten Schleifkörpers abhängt, sondern auch vom Maschinentyp und dessen Einstellungen sowie vom Werkstückmaterial, sollte man eher von der Effektivität einer Bearbeitung oder eines Prozesses sprechen, als von der Effektivität des Schleifkörpers.

In der Praxis findet man für die Effektivität Werte zwischen 0,05 und 0,5.

Ein Wert von Wert 0,1 bedeutet dabei, dass die zehnfache Menge an Schleifkörpersubstanz verschwindet, gegenüber der Abnahme an Werkstückmasse.

Gern wird die Effektivität auch in der Einheit % angegeben. Dabei bedeutet 10 % das Gleiche wie der Wert 0,1.

Neuerdings findet man auch den reziproken Wert der Effektivität unter der Bezeichnung Verbrauchsfaktor. Dieser gibt den Faktor an, um den der Schleifkörperverbrauch für eine bestimmte Bearbeitung größer ist, als Materialabtrag am Werkstück.

> Ein quarzhaltiger Schleifkörpertyp ist besonders geeignet für die Bearbeitung von Aluminium, ein korundhaltiger Schleifkörper für Stahl.

4.2   Keramische Schleifkörper

4.2.1   Herstellung

Erst durch die Verwendung von Schleifkörpern, deren Form und Schleifeigenschaften gezielt beeinflusst werden konnten, war es möglich, ein breites Spektrum von Bearbeitungsergebnissen zu erzielen.

Zur Herstellung von keramischen Schleifkörpern wird eine Mischung aus Ton und Schleifmineralien stranggepresst und in kurze Stücke geschnitten, entsprechend der gewünschten Länge der Schleifkörper. Daher kommen Keramik-Schleifkörper hauptsächlich als Zylinder und Dreiecke in den Handel.

Sind die gewünschten Formen nicht aus einem Strang zu fertigen wie Pyramiden oder Kegel, wird die Masse in entsprechende Formen gepresst.

Nach dem Trocknen wird das Gut bei über 1000 °C gebrannt.

Der Produktionsprozess für Keramik-Schleifkörper ist in Abb. 4.4 dargestellt.

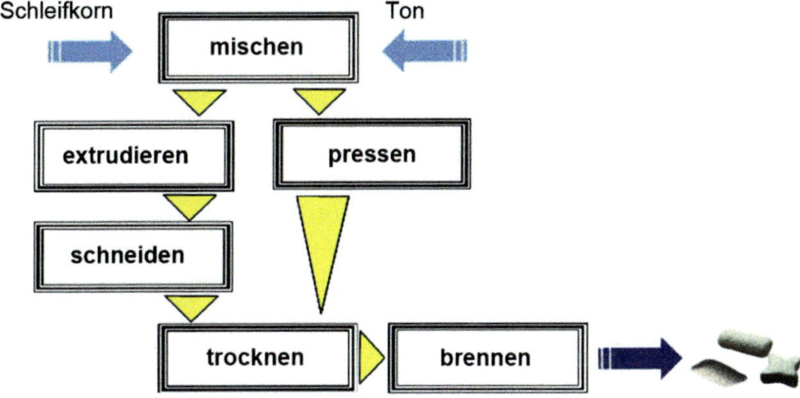

Abb. 4.4 Herstellungsprozess für Keramik-Schleifkörper

Abb. 4.5 Formen von Keramik-Schleifkörpern

Einen Eindruck von der Formenvielfalt vermittelt Abb. 4.5.

Jede der Schleifkörperformen hat seinen besonderen Einsatzbereich.

Keramik-Schleifkörper werden in vielen Formen von 2 bis 60 mm hergestellt.

Kompakte Schleifkörperformen (Dreieck, Zylinder) werden für Standardbearbeitungen eingesetzt. Filigranere Formen wie Sterne, Pfeilspitzen oder auch schräg geschnittene Körper werden vor allem dann vorteilhaft eingesetzt, wenn es darum geht, an Innenkanten oder Nuten Material abzutragen.

4.2.2 Eigenschaften

Keramische Schleifkörper unterscheiden sich in folgenden Eigenschaften von Kunststoff-Schleifkörpern:

- Sie haben einen geringeren Preis.
- Sie haben ein höheres Schüttgewicht (ca. 1,6 g/cm^3).
- Sie schleifen aggressiver.
- Sie können splittern.
- Sie erzeugen etwas hellere, glänzendere Oberflächen auf harten Materialien.
- Sie setzen sich leicht zu bei der Bearbeitung weicher Materialien.
- Die Temperatur im Arbeitsbehälter hat keinen Einfluss auf Schleifleistung und Abrieb.

Die Schleifkörpermenge (in kg), die für eine Maschinenfüllung benötigt wird, ist für Keramik-Schleifkörper das 1,6-fache des Nutzvolumens (1,6 g/cm^3 = Schüttgewicht).

Eine Tabelle im Anhang I zeigt den Zusammenhang zwischen dem Nutzvolumen und der Schleifkörperfüllmenge für keramische Schleifkörper bei unterschiedlichen Werten des Werkstück-Schleifkörper-Verhältnisses.

4.2.3 Einsatzgebiet

Keramik-Schleifkörper werden vor allem für solche Arbeiten eingesetzt, bei denen die Splitterneigung der Schleifkörper nicht stört. Auch wenn leichte Beschädigungen (Markierungen) der Werkstücke akzeptabel sind, werden die preiswerteren Keramik-Schleifkörper eingesetzt.

Für die Bearbeitung von Zink-Druckguss und anderen „schmierenden" Metallen sind keramische Schleifkörper weniger geeignet, da sich deren Oberflächen leicht zusetzen und so die Schleifleistung drastisch nachlässt.

Bei der Bearbeitung sehr harter Materialien mit Keramik-Schleifkörpern kann es in seltenen Fällen zu Überraschungen kommen.

So sollten in einer Fliehkraftmaschine Wellen aus gehärtetem Stahl mit sehr glatter Oberfläche etwas aufgeraut werden.

Dazu wurden (entsprechend der Lehrmeinung) stark schleifende Keramik-Schleifkörper eingesetzt. Das Ergebnis war anfänglich zufriedenstellend. Aber von Charge zu Charge nahm die Schleifleistung ab und bald tat sich nichts mehr, außer, dass die Schleifkörper glatt wurden.

Nach einer angemessenen Zeit der Ratlosigkeit erschloss sich dann die Ursache: Die glatten harten Wellen hatten die Schleifkörper poliert!

4.3 Kunststoff-Schleifkörper

Als Trägermaterial für Kunststoff-Schleifkörper wird heute aus Gründen des Umweltschutzes fast ausschließlich Polyesterharz verwendet, während preiswerte Polyurethanharze (Urea) nur noch selten zum Einsatz kommen.

4.3.1 Herstellung

Zur Produktion wird ein Gemisch aus Kunstharz und Schleifkorn unter Zusatz von Polymerisationsbeschleunigern in Formen gegossen. Die Masse härtet aus und wird dann aus den Formen entnommen.

Man produziert daher Schleifkörper-Formen, die sich gut aus den Gießformen entfernen lassen, also vor allem Kegel, Tetraeder, Paraboloide und verwandte Formen.

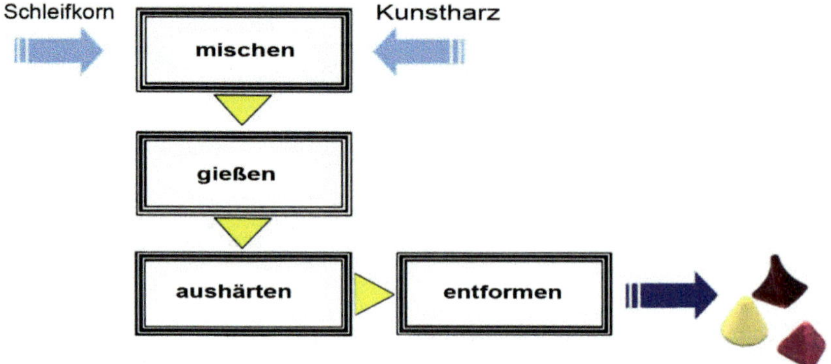

Abb. 4.6 Herstellungsprozess für Kunststoff-Schleifkörper

Abb. 4.7 Formen von Kunststoff-Schleifkörpern

Der Produktionsverlauf ist schematisch in Abb. 4.6 zu sehen.

Unterschiedliche Sorten von Schleifkorn und unterschiedliche Korngrößen lassen Schleifkörper mit den gewünschten Eigenschaften entstehen.

Es werden meist Größen von 10 bis über 70 mm hergestellt. Seltener sind Kunststoff-Schleifkörper mit Abmessungen von weniger als 10 mm im Handel.

Eine Auswahl gängiger Formen von Kunststoff-Schleifkörpern zeigt die Abb. 4.7.

4.3.2 Eigenschaften

Kunststoffschleifkörper werden eingesetzt, wenn schonend bearbeitet werden muss oder wenn die Gefahr des Verschmierens beim Einsatz weicher Legierungen besteht.

Kunststoff-Schleifkörper sind ebenso nötig, wenn eine Bearbeitung gefordert wird, bei der keine Splitter entstehen dürfen.

Kunststoff-Schleifkörper haben im Vergleich zu Keramik-Schleifkörpern folgende Eigenschaften:

- Einen höheren Preis
- Ein niedrigeres Schüttgewicht (ca. 1,2 g/cm^3)
- Sie schleifen schonender
- Sie splittern nicht
- Sie erzeugen matte Oberflächen
- Sie setzen sich nicht zu bei der Bearbeitung weicher Materialien
- Höhere Temperaturen im Arbeitsbehälter verringern die Effektivität (s. Abb. 4.8).

Die Schleifkörpermenge (in kg), die für eine Maschinenfüllung benötigt wird, ist für Kunststoff-Schleifkörper das 1,2-fache des Nutzvolumens (1,2 g/cm^3 = Schüttgewicht).

Eine Tabelle im Anhang II zeigt den Zusammenhang zwischen dem Nutzvolumen und der Schleifkörperfüllmenge für Kunststoff-Schleifkörper bei unterschiedlichen Werten des Werkstück-Schleifkörper-Verhältnisses.

Im Gegensatz zu Keramik-Schleifkörpern ist der Abrieb der Kunststoff-Schleifkörper abhängig von der Arbeitstemperatur, also der Temperatur des Prozesswassers im Arbeitsbehälter.

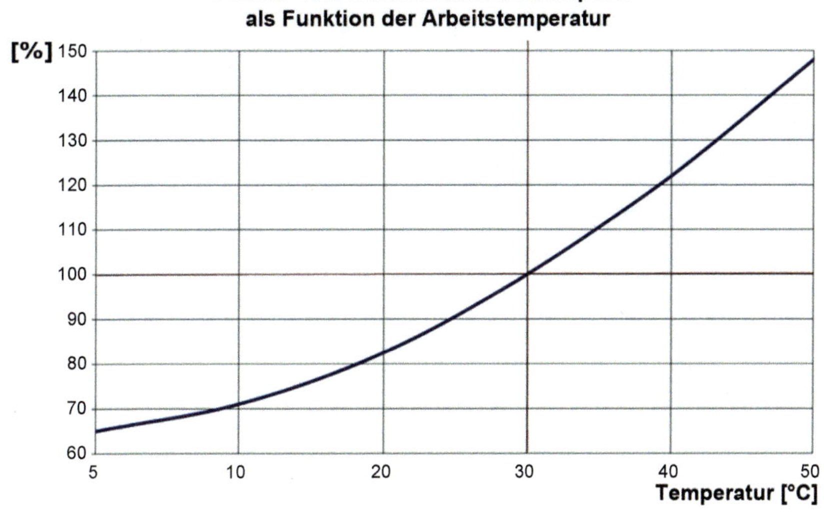

Abb. 4.8 Abrieb bei unterschiedlichen Temperaturen

Der Zusammenhang zwischen Arbeitstemperatur und Verschleiß ist Abb. 4.8 zu entnehmen.

Bei einer Bearbeitung mit Kunststoff-Schleifkörpern, die bei 30 °C durchgeführt wird (einer für Fliehkraftmaschinen normalen Temperatur), soll der Abrieb 100 % sein.

Steigt nun die Temperatur (durch geringere Wasserzugabe) um 10 °C auf 40 °C, so steigt der Schleifkörperabrieb bereits um 20 %. Deswegen gibt es Betriebe, die das Prozesswasser vor dem Einsatz in Fliehkraft- oder Schleppschleif-Maschinen auf ca. 4 °C herunterkühlen.

4.4   Polierkörper

Polierkörper zeichnen sich dadurch aus, dass sie praktisch keinen Materialabtrag verursachen und so kaum verschleißen. Sie bestehen meist aus Porzellan (wobei sehr feinkörniges Mineral eingesetzt wird) und werden vorwiegend in Kugel- oder Stiftform hergestellt.

Es werden auch Polierkörper aus Stahl verwendet, und zwar kleine Stifte oder Kugeln und „Satelliten" von 2 bis 7 mm Durchmesser.

Stahl-Polierkörper sollten aus rostfreiem Stahl bestehen, damit sie im sauren Medium eingesetzt werden können. Allerdings ist der Anschaffungspreis sehr hoch (> 35 €/kg).

Abb. 4.9 zeigt dazu Stifte und Kugeln.

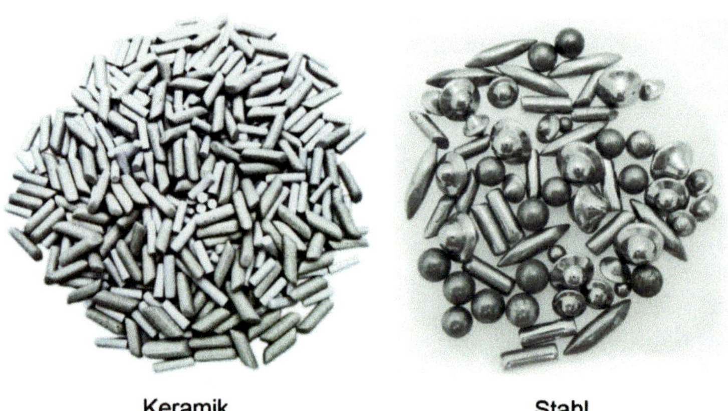

Abb. 4.9   Polierkörper

4.5 Glaskugeln

Glaskugeln haben nur eine geringe Schleif- bzw. Entgratungsleistung.
Man kann man sie einsetzen:

- zum Entfernen feinster Grate (Flittergrate)
- zur Erzeugung matter, satinierter Oberflächen
- zum Abtragen von Material in schmalen Durchbrüchen oder Bohrungen.

Glaskugeln sind in Größen von 1 bis 12 mm verfügbar.
Sie werden aber kaum noch eingesetzt. Man verwendet an ihrer Stelle feinschleifende
Keramikkörper.

4.6 Stahlkörper zum Schleifen

Stahl-Schleifkörper bestehen aus Kohlenstoffstahl, selten aus rostfreiem Stahl und sind in
vielen Formen und Größen zwischen 2 und 20 mm erhältlich.
Stahlkörper schleifen äußerst aggressiv und verändern während der Bearbeitung ihre
Größe nicht. Dadurch bleiben sie kaum stecken.
Sie werden zur groben Entgratung von Leichtmetallen eingesetzt.
Ein Problem können die Stahl-Schleifkörper dadurch verursachen, dass sie nicht rost-
frei sind. Sie sind nach der Lagerung vor dem Gebrauch in der Maschine zu reinigen.
Solch feilenartiges Stahlkorn zeigt Abb. 4.10.

Abb. 4.10 Stahlkorn

4.7   Körniges Schleifmaterial

Feinkörniges Schleifmaterial als alleiniges Schleifmedium (das nicht in Ton oder Kunststoff eingebunden ist) würde sich in Trog- und Rundvibratoren nicht umwälzen und in Fliehkraftmaschinen durch den Spalt entfliehen. Deshalb kann es ohne zusätzliche Schleifkörper nur in Trommeln, Glocken, Topf-Vibratoren und Schleppschleifmaschinen eingesetzt werden.

Als zusätzliches Mittel zur Ergänzung von Schleifkörpern kann Pulver in allen Maschinentypen eingesetzt werden; es steigert die Schleifleistung und verändert das Oberflächenbild.

Es sind folgende drei Dinge, die es sinnvollmachen, Schleifpulver einzusetzen:

- Es bildet sich keine „Orangenhaut", wie sie beim Schleifen nur mit Schleifköpern entsteht.
- Es erscheint feines mattes und etwas dunkleres Schliffbild (s. Abb. 4.11).
- Loses Schleifkorn trägt eher die Fläche ab als dass es Grate entfernt und Kanten verrundet werden

Wird körniges Schleifmaterial in Topf-Vibratoren nass als Aufschlämmung umgepumpt, so werden die Werkstücke heller.

In Abb. 4.11 sind Stahloberflächen einander gegenübergestellt, die nur mit Schleifkörpern bzw. mit Pulverzusatz bearbeitet wurden.

Schleifpulver als Zusatz muss im Allgemeinen kontinuierlich nachdosiert werden, da es mit durchfließendem Prozesswasser ausgetragen wird.

Abb. 4.11 Schleifbilder mit und ohne Pulverzusatz

Abb. 4.12 Holzgranulat

4.8 Holzprodukte

Trägerkörper aus Holz oder holzähnlichen Materialien können in Gleitschleifmaschinen nur in trockener Umgebung eingesetzt werden. Dadurch sind die Verwendungsmöglichkeiten stark eingegrenzt.

Eine Probe eines Trockengranulates zeigt Abb. 4.12.

Kleine Holzwürfel oder Granulat aus Maiskolben bzw. Nussschalen setzt man hauptsächlich zum Trocknen von Werkstücken in Vibrations- und Trommel-Trocknern ein.

Feines Holzgranulat, das in verschiedenen Körnungen zu bekommen ist, verwendet man nach Imprägnieren zum Trockenpolieren (s. Verfahrenstechnik).

4.9 Auswahlkriterien

Schleifkörper leisten die eigentliche Arbeit, wobei sie sich buchstäblich aufreiben.

Will man aus der riesigen Auswahl den optimalen Schleifkörper finden, muss man sich zuerst über das Bearbeitungsziel im Klaren sein und sich die folgenden Fragen beantworten.

- Welche Schleifleistung wird gebraucht?
- Muss die Bearbeitung schonend erfolgen?
- Werden alle wichtigen Oberflächenstellen erreicht?
- Dürfen Schleifkörper-Splitter auftreten?
- Ist die Oberflächengüte wichtig?
- Können sich Schleifkörper verklemmen?
- Müssen Innenkonturen bearbeitet werden?
- Wie lassen sich die Schleifkörper von den Werkstücken separieren?

Der Bedeutung dieser Fragen soll nun nachgegangen werden.

4.9.1 Schleifleistung

Natürlich ist eine möglichst kurze Bearbeitungszeit und damit eine möglichst hohe Schleifleistung wünschenswert. Mit maximal schleifenden Körpern erkauft man sich jedoch möglicherweise störende Nebenwirkungen:

- eine raue Oberfläche
- schlechte Einbettung der Werkstücke (große Schleifkörper)
- größere Verschmutzung.

Spielen diese Nachteile keine Rolle, so kann man mit keramischen Körpern kräftigst schleifen (Ausnahme Druckguss, wo Keramik sich leicht mit Abrieb zusetzt).

Aluminium-Werkstücke sollte man mit quarzgefüllten Kunststoff-Schleifkörpern und Stahl mit korundgefüllten Schleifkörpern bearbeiten, da in diesen Kombinationen das Verhältnis zwischen Schleifleistung und Schleifkörper-Abrieb am günstigsten ist.

4.9.2 Splitterneigung

Keramische Schleifkörper neigen zum Splittern, und zwar umso mehr,

- je weniger sie schleifen (also je härter sie sind)
- je größer sie sind
- umso mehr Kanten sie haben.

Wenn sich Splitter in Bohrungen oder Innengewinden festsetzen, kann das schnell unangenehme Folgen haben. Hier ist der Einsatz von Kunststoff-Schleifkörpern dringend angeraten.

Wenn die Werkstücke Sacklöcher, kleine Durchbrüche oder schmale Nuten haben, in die sich die Splitter setzen können, sollte man unbedingt Kunststoff-Schleifkörper einsetzen.

Das entstehende Oberflächenbild ist allerdings matter als beim Einsatz von Keramik.

4.9.3 Oberflächenqualität

Während die Oberfläche von Druckguss- oder Plastik-Werkstücken durch das Gleitschleifen meist aufgeraut wird, sind viele Werkstücke aus Stahl oder Buntmetall von der Vorfertigung her reichlich rau. Oft werden sie vor dem Arbeitsgang Gleitschleifen am Band vorgeschliffen, um den größten Teil der Grate oder Angüsse zu entfernen.

Eine grobe Abschätzung der Rauheit nach dem Schleifen verschiedener Metalle mit Bändern unterschiedlicher Körnungen vermittelt das Diagramm in Abb. 4.13.

Nach dem Bandschliff sieht man Rauheiten zwischen 0,5 und 7 μm Ra.

Dabei kommt es natürlich nicht nur auf die Körnung des Bandes, dessen Abnutzungsgrad und den Andruck des Werkstückes an, sondern auch die Härte des Materials spielt eine nicht unbedeutende Rolle. So erhält das weiche Aluminium eine rauere Oberfläche als das Eisen. Messingoberflächen werden recht fein.

Das Gleitschleifen erzeugt weitaus geringere Rautiefen als das Bandschleifen.

Die Oberflächenqualität wird zwar hauptsächlich durch die eingesetzte Schleifkörpersorte, aber auch durch die Maschine und deren Einstellungen bestimmt, wobei eine stärker schleifende Maschine natürlich die rauere Oberfläche erzeugt.

Die erreichbaren Werte in Vibratoren und Fliehkraftmaschinen und auf unterschiedlichen Materialien gehen aus der Tab. 4.1 hervor. Die Ra-Werte liegen zwischen 0,1 und 2 μm.

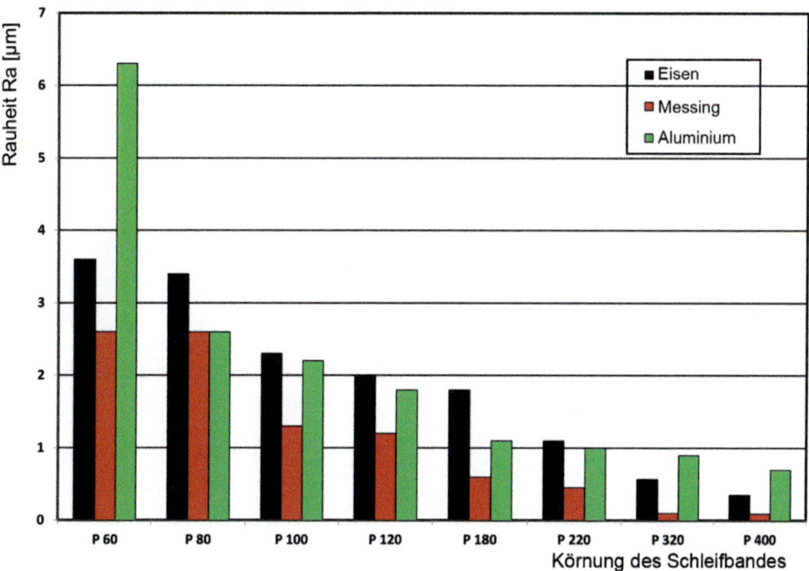

Abb. 4.13 Rauheit nach Bandschleifen

Tab. 4.1 Rauheit nach Gleitschleifen

	Keramik		Kunststoff	
	Vibrator	Fliehkraft	Vibrator	Fliehkraft
Eisen	0,1–0,4	0,5–1,2	0,1–0,8	0,2–1,2
Messing	0,1–0,5	0,7–1,6	0,1–1,0	0,3–1,5
Aluminium	0,2–0,6	1,0–1,6	0,2–1,2	0,4–2,0

Will man eine Oberfläche als Vorbereitung zum Polieren oder Trockenpolieren schleifen, so sollten Kunststoff-Feinschleifkörper zum Einsatz kommen, die einen Ra-Wert von weniger als 0,2 µm erzeugen.

Die Feinheit der Oberfläche kann gesteigert werden, indem man bei hohem Wasserstand arbeitet, Schaum erzeugt oder die Unwucht bzw. die Drehzahl reduziert.

4.9.4 Verklemm-Neigung

Um Probleme mit „Verklemmern" zu vermeiden oder zu verringern, kann man folgendes unternehmen (zum Teil ziemlich trivial):

- andere Schleifkörpergröße wählen
- andere Schleifkörperform einsetzen
- Problemzonen abdecken
- Teile „mit sich selbst" bearbeiten
- zu klein gewordene Schleifkörper (Untergrößen) absieben
- die gesamte Schleifkörperfüllung wechseln (und möglichst für andere Werkstücke weiterbenutzen)
- einen anderen Entgratprozess durchführen (schlimmstenfalls!!).

Da in Werkstücken festsitzende Schleifkörper nicht nur viel Nerven kosten können, gibt es Fertigungslinien, in denen die Werkstücke einzeln von Hand auf verklemmte Schleifkörper überprüft werden. Diese Arbeit ist ermüdend und teuer.

Abb. 4.14 zeigt eine grobe Abstufung der Verklemm-Freudigkeit.

Eine Hilfe, könnte es sein, gefärbte Schleifkörper einzusetzen, die gut gegenüber dem Werkstück zu erkennen sind. Gibt man Kunststoffschleifkörpern Substanzen bei, die im UV-Licht leuchten, so lassen sie sich viel leichter erkennen, wenn der Arbeitsplatz etwas abgedunkelt und dafür mit Schwarzlicht beleuchtet wird.

Mit Leuchtfarben markierte Schleifkörper sind in Abb. 4.15 zu sehen.

Abb. 4.14 Neigung der Schleifkörperformen zum Verklemmen

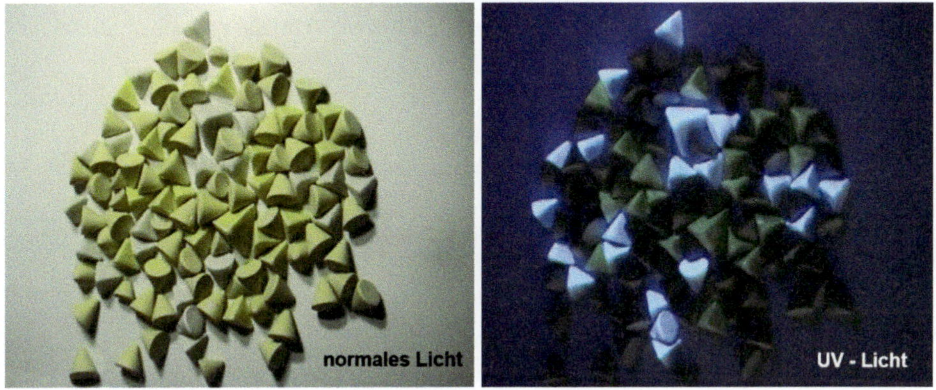

Abb. 4.15 Speziell eingefärbte Schleifkörper bei UV-Beleuchtung

Es werden mitunter Lösungen praktiziert, bei denen automatische Kameras verklemmte Schleifkörper erkennen und die betreffenden Werkstücke über eine Bilderkennungssoftware aussortieren sollen. Dies klappt allerdings nur, wenn sich Schleifkörper in der Oberseite der Werkstücke festgesetzt haben!

4.9.5 Innenkonturen

Innenkonturen (z. B. Innenteil eines Rohrabschnitts) können natürlich nur bearbeitet werden, wenn die Schleifkörper aufgrund ihrer Form und Größe in der Lage sind, durch diesen Bereich zu fließen. Sie müssen daher kleiner sein als das Innere des Werkstückes (wie wahr!).

Für alle Bearbeitungen von Innenkonturen gilt, dass die dort die Schleifleistung deutlich geringer ist als auf außen liegenden Flächen. Die Schleifkörper bewegen sich zwar in den Innenräumen, aber der Anpressdruck ist sehr gering.

Grate an Bohrungen lassen sich meist auch mit solchen Schleifkörpern entfernen, die wenigstens mit einer Spitze in das Loch ragen (Tetraeder, Pyramide, Kegel). Es besteht allerdings immer die Gefahr, dass Grate nur umgelegt und nicht weggeschliffen werden.

Eine bessere Innenbearbeitung erreicht man in einem Topf-Vibrator.

Der Erfolg ist besonders groß, wenn die Werkstücke im Arbeitsbehälter aufgespannt sind.

4.9.6   Separiermöglichkeiten

Separieren bedeutet, die Werkstücke nach der Bearbeitung von den Schleifkörpern abzutrennen.

Über das Separieren wurde bereits in Abschn. 3.3 geschrieben.

Dieses Thema nimmt jedoch einen so hohen Stellenwert ein, dass darauf weiter eingegangen werden soll.

Normalerweise stellt das Separieren kein Problem dar, wenn die Schleifkörper deutlich kleiner sind als die Werkstücke.

Jedoch sind die technischen Gegebenheiten nicht immer so entgegenkommend, dass so einfach abgesiebt werden kann.

In den folgenden Fällen ist dann mehr Einfallsreichtum für einen erfolgreichen Separierprozess gefordert:

- die Schleifkörper sind größer als die Werkstücke
- Schleifkörper und Werkstücke sind ähnlich groß
- die Werkstücke sind schöpfend (z. B. becherförmig).

4.9.6.1   Schleifkörper sind größer

Schleifkörper, die größer sind als die Werkstücke, muss man einsetzen, wenn sehr kleine Werkstücke bearbeitet werden sollen. Würde man ausreichend kleine Schleifkörper einsetzen, um normal zu separieren, so würde die Schleifleistung fehlen.

Hier kann ein Umkehrsieb eingesetzt werden (wie bereits unter Abschn. 2.2.4.1 beschrieben), bei dem die Werkstücke durch das Sieb auf eine Zwischenplatte fallen und von dort ausgetragen werden.

Die Schleifkörper wandern über das Sieb und rutschen seitlich in den Arbeitsbehälter zurück.

4.9.6.2   Schleifkörper sind gleich groß

Wie soll man hier separieren?

Sind die Werkstücke nicht magnetisch, so bleibt nur die Lösung, andere Schleifkörperdimensionen zu untersuchen oder die Teile manuell zu entnehmen.

Bei Werkstücken aus Stahl bleibt die Möglichkeit der magnetischen Absiebung (s. Abschn. 3.3.1). Die Schleifkörpergröße spielt dann keine Rolle mehr.

4.9.6.3   Schöpfende Schleifkörper

Schöpfende Werkstücke (z. B. Deckel mit Rand) können Schleifkörper und Prozesswasser mit über die Siebstrecke schleppen und tragen beides zum Unwillen des Betreibers mit den Werkstücken aus.

Hier hilft nur die Werkstücke auf der Siebzone zu wenden.

Es gibt dafür auch recht ausgeklügelte Konstruktionen aus Stolperstufen und Führungsschienen, die jeweils entsprechend der jeweiligen Werkstückgeometrie ausgeführt sein müssen (fragen Sie hierzu einen Fachmann oder Mitarbeiter).

4.9.7   Keramik oder Kunststoff?

Auswahlkriterien für Keramik oder Plast-Schleifkörper wurden zwar bereits weitgehend in den Abschn. 4.2 und 4.3 genannt, dennoch sollen noch einmal die wichtigsten Merkmale einander gegenübergestellt werden.

Keramik-Schleifkörper wählt man vorwiegend

- aus Preisgründen
- wenn Splitter keine Rolle spielen
- zum groben Entgraten von unempfindlichen Stahlteilen
- zur Erzeugung metallisch glänzender (nicht seidenmatter) Oberflächen.

Kunststoffschleifkörper werden vorwiegend eingesetzt

- zur Vermeidung von Problemen mit Splittern
- zur schonenden Bearbeitung
- zur Erzeugung sehr feiner Oberflächen
- zur Bearbeitung weicher Materialien (z. B. Aluminium, Zink)
- in Schleppschleifanlagen.

Wasser 5

Bei nahezu allen Gleitschleifverfahren ist die Füllung des Arbeitsbehälters mit einer wässrigen Lösung benetzt.

Der Aufwand, den die Benutzung von Wasser erfordert, ist nötig, da das Wasser eine Reihe wichtiger Aufgaben zu erfüllen hat:

- Lösen und verteilen des Compounds
- Binden und Abtransportieren des entstehenden Abriebs
- Verhindern von Staubentwicklung
- Erhöhen der Andruckkräfte durch Kapillarwirkung
- Kühlen in Hochleistungsmaschinen.

5.1 Wasserdurchsatz

Die Wassermenge, die durch die Maschine fließt, hängt vom Maschinentyp und der Größe des Arbeitsbehälters ab.

Ein Anhaltswert für den Wasserdurchsatz, der pro 100 l Nutzvolumen der Maschine erforderlich ist, lässt sich der Tab. 5.1 entnehmen.

Beim Einsatz von Schleifkörpern mit hoher Schleifleistung (insbesondere von Plast-Schleifkörpern) sowie bei hohen Anforderungen an die Sauberkeit der Werkstücke ist es sinnvoll, die Wassermenge um ca. 20 % zu erhöhen.

Tab. 5.1 Wasserdurchsatz pro 100 l Nutzvolumen

Maschinentyp	Glocke	Vibrator	Fliehkraft-Anlage	Schleppschleif-Anlage
Wasser [l/h]	40[a]	20	180	50

[a]Kein Durchfluss, das Wasser [l] wird nur zu Beginn der Bearbeitung eingefüllt

Wird das Wasser im Kreis gefahren, kann der Wasserdurchsatz bis um die Hälfte erhöht werden, um den Maschineninhalt nicht zu schmutzig werden zu lassen.

Zuviel Wasser kann in Vibratoren zum Problem werden, indem es das Ablaufsieb überlastet. Die Maschine kann dann leicht zum „Springbrunnen" werden.

5.2 Wasserqualität

Meist werden die Maschinen mit Trinkwasser gespeist. Es kann jedoch genauso gut Brauchwasser verwendet werden. Einige Betriebe verwenden das Wasser, mit dem die bearbeiteten Werkstücke gespült werden, als Speisewasser für die Gleitschleifmaschinen.

In vielen Fällen kann man das Prozesswasser wiederverwenden, d. h., das aus der Gleitschleifmaschine ablaufende Wasser wieder in den Prozess zurückführen.

In solch einem Kreislauf muss es vom Hauptteil der Feststoffe und von Öl gereinigt werden.

Über die Technik der Kreislauffahrweise wird in Abschn. 7.1.3 berichtet.

5.3 Wasserhärte

Ideal ist eine Wasserhärte von 5–10 °dH (Deutsche Härte).

Ist das Wasser zu hart (etwa über 20 °dH), wird mehr Compound benötigt.

Weiterhin bilden sich mit hartem Wasser und Alkaliseifen Ablagerungen von Kalzium-Fettseifen, die aufschwimmen und die Werkstücke verschmutzen, indem sie graue Flecken bilden.

In diesem Fall sollte man das Compound gegen ein anderes austauschen, das anstelle der Alkaliseifen nur Tenside enthält, die unempfindlich gegen Wasserhärte sind und keine unlöslichen Fettsäuresalze bilden.

Die Eignung eines solchen Compounds lässt sich leicht prüfen, indem man ein wenig Compound zum fraglichen Wasser gibt. Es darf sich keine Trübe oder gar Niederschlag bilden.

Voll entsalztes Wasser (VE-Wasser) ist nicht für das Gleitschleifen einsetzbar, wie das nachstehende Beispiel zeigt:

In einer Gleitschleifanlage wollte man besonders umweltbewusst handeln und installierte eine Kreislaufanlage, in der das Wasser nicht nur von den Feststoffen, sondern durch einen Ionentauscher auch von gelösten Metallionen und Härtebildnern befreit wurde.

Die Ionentauscher-Anlage funktionierte hervorragend und das Wasser wurde so weich, dass die Maschinen die gesamte Halle buchstäblich zum Schaumbad machten.

Wurde dann (um gegenzusteuern) die Menge an Compound verringert, so verschwanden die Schaumberge trotzdem nicht.

Das Resultat war vielmehr eine mangelnde Entfettung und teilweise rostige Werkstücke.

Es half, einen Teil des Wassers am Ionentauscher vorbei direkt zu den Gleitschleifanlagen zu führen. So blieb ein kleiner Teil der Härtebildner (Ca, Mg) im Wasser und hielt
den Schaum in Grenzen.

Man braucht also eine Mindestmenge an Härtebildnern im Wasser.

Einige Jahre später war der Ionentauscher verschwunden, da er überflüssig war.

5.4 Wassertemperatur

Die Temperatur des in die Maschinen laufenden Wassers liegt im Allgemeinen zwischen
10 und 20 °C.

In Prozesswasserkreisläufen, besonders wenn große Fliehkraftmaschinen integriert
sind, wird die Temperatur solange ansteigen, bis die Wasserverdunstung die eingebrachte
Wärme abführt.

Eine Kühlung des Wassers ist nur dann sinnvoll, wenn die erhöhte Temperatur den Teller der Fliehkraftmaschine nicht so sehr ausdehnt, dass sich der Spalt schließt oder wenn
Kunststoff-Schleifkörper verwendet werden, deren Abrieb mit steigender Temperatur zunimmt, wie in Abschn. 4.3 dargestellt ist.

Werden Entfettungsarbeiten durchgeführt, kann es eine sinnvolle Maßnahme sein das
Wasser auf etwa 40 °C vorzuwärmen.

Zwar fallen Kosten für die Erwärmung des Wassers an, aber man gewinnt folgendes:

- Emulgierbare Fette lassen sich leichter ablösen, dadurch sinkt die Bearbeitungszeit.
- Der Compoundverbrauch sinkt
- Die Abwasserbehandlung wird erleichtert.

In Abschn. 7.6 wird auf die Möglichkeit einer schnelleren Entfettung durch Erhöhung
der Wassertemperatur hingewiesen.

Compounds 6

Würde man eine Gleitschleifbearbeitung nur mit Wasser ohne Behandlungsmittel durchführen, so würde sich im Arbeitsbehälter bald eine schmutzige Schmiere bilden und die Schleifleistung würde auf nahezu Null absinken. Das gilt besonders dann, wenn die Werkstücke Öl einschleppen.

Die Hauptaufgabe der Compounds ist daher das „Waschen".

Um dieser Bestimmung nachzukommen, enthalten alle Compounds Tenside.

Die Abriebpartikel werden durch die Tensid-Moleküle von den Schleifkörper- und Werkstück-Oberflächen abgelöst, in die Wasserphase „emulgiert" und mit dem aus der Maschine fließenden Wasser abtransportiert.

Die Schleifkörperoberflächen bleiben sauber und griffig.

Je nach der Art des Gleitschleifprozesses finden sich in Compounds eine Reihe weiterer Stoffe, die für spezielle Bearbeitungen benötigt werden:

- Builder (zur Verstärkung der Waschwirkung)
- Korrosionsschutzmittel
- Emulgatoren (zur Entfettung)
- Schaumregulatoren
- Säuren (zum Beizen)
- Inhibitoren (zusammen mit Säuren)
- Glanzbildner
- Lösungsvermittler (zur Vermischung sonst nicht mischbarer Komponenten)
- pH-Wert-Puffer
- Gleitmittel,
- Härtestabilisatoren (bei Einsatz sehr harten Wassers).

Die Wirkung der Tenside ist in Abb. 6.1 skizziert.

Alle Tensidlösungen erzeugen Schaum. Dieser kann hilfreich sein, indem er die Masse in der Maschine weicher laufen lässt oder gar, wie in einer Schleppschleifmaschine beob-

© Springer Fachmedien Wiesbaden GmbH, ein Teil von Springer Nature 2018

H. Prüller, *Praxiswissen Gleitschleifen*, https://doi.org/10.1007/978-3-658-20927-8_6

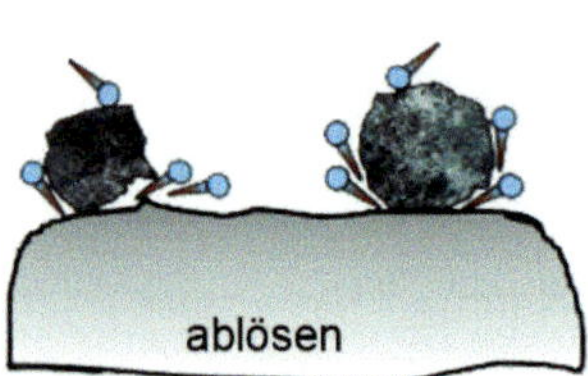

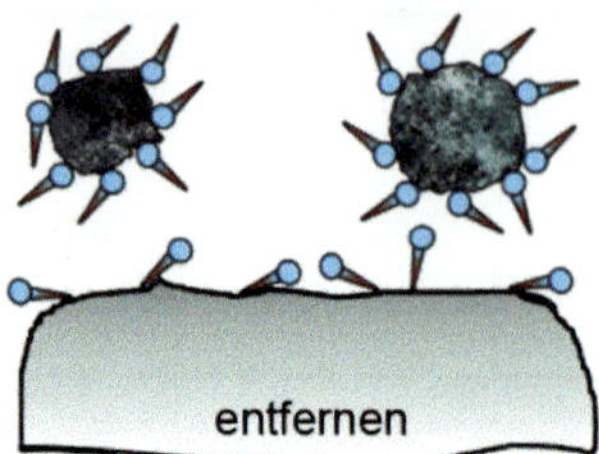

Abb. 6.1 Waschwirkung der Tenside

achtet, als Schicht auf dem Schleifkörperbett verhindert, dass kleine Schleifkörper aus der Maschine geschleudert werden.

Zuviel Schaum in Vibratoren erschwert das Ablaufen des Wassers und die Maschine beginnt zu spritzen.

Wenn zu viel Schaum entsteht, wird man sofort daran denken die Fördermenge der Compound-Dosierpumpe zu erniedrigen. Das hilft jedoch nicht immer!

Bei einer Bearbeitung, bei der feinschleifende Kunststoffschleifkörper in einem Vibrator eingesetzt waren, nahm der Schaum überhand. Daraufhin wurde natürlich die Compound-Pumpe mehrfach niedriger gestellt. Der Erfolg war allerdings gleich Null. Die Menge an festem weißem Schaum war einfach nicht in den Griff zu bekommen.

Nach akribischer Überprüfung des Systems stellte sich heraus, dass die Dosierpumpe schon längere Zeit kein Compound lieferte. Der entstandene „Schaum" stellte sich als eine Mischung von feinstem Abrieb, Wasser und Luft heraus.

Die Wiederherstellung und Erhöhung der Compound-Förderung behob das Problem!

Es gibt also verschiedene Arten von „Schaum", die auf unterschiedliche Weise bekämpft werden müssen. Im Anhang VII sind tabellarisch verschiedene Schaumarten aufgeführt sowie deren Aussehen und Entstehung. Weiterhin empfiehlt die Tabelle Maßnahmen zur Verhinderung übermäßigen Schaums.

6.1　Standard-Compounds

Für Standard-Bearbeitungen wie

- Entgraten
- Kanten verrunden
- Glätten
- Reinigen
- Entfetten

Für Standardverfahren werden flüssige Compounds eingesetzt, die eine hohe Reinigungskraft (zum Ablösen des Abriebs) und ein gutes Schmutztragevermögen (zum Abtransportieren des Abriebs) aufweisen.

Pulver werden nur selten genutzt. Wenn sie eingesetzt werden, dann in Trommeln oder Glocken.

Werden Stahlteile bearbeitet, so muss das Compound eine Substanz enthalten, die die Werkstücke vor dem Rosten schützt. Das geschieht einmal dadurch, dass das Prozesswasser schwach alkalisch eingestellt wird und zum anderen durch den Einsatz von Amin-Verbindungen.

Über Eigenschaften und Wirkung temporärer Korrosionsschutzmittel berichtet die Bosch Norm 370 01 [10].

Sollen Werkstücke entfettet werden, so sind Compounds einzusetzen, die neben Gemischen aus nichtionischen Tensiden weitere oft anorganische Zusätze enthalten. Diese Komponenten sorgen für eine Verstärkung der Entfettungswirkung.

So besitzen – kurz gesagt – Standard-Compounds vor allem drei Eigenschaften:

- Reinigungskraft
- Korrosionsschutz
- Entfettungsvermögen.

Je nach der vorgesehenen Anwendung werden diese drei Fähigkeiten im unterschiedlichen Verhältnis zu einander formuliert.

6.2 Polier-Compounds

In Gleitschleifmaschinen können verschiedene Polierverfahren durchgeführt werden:

- Hochglanz-Polieren
- Kugelpolieren
- Chemisch beschleunigtes Polieren
- Trockenpolieren.

Bei den aufgeführten Polierverfahren kommen sehr unterschiedliche Verfahrenstechniken zur Anwendung. Daher müssen für jedes dieser Verfahren spezielle Compounds eingesetzt werden.

6.2.1 Compounds zum Hochglanz-Polieren

Zum Hochglanz-Polieren von Werkstücken werden Pasten oder Pulver verwendet, die aus einem Gemisch von Poliermineral und pulvrigen Tensiden bestehen.

Die unterschiedlichen Polierpulver unterscheiden sich hauptsächlich in der Art des eingesetzten Minerals.

Über die Wirkungsweise der einzelnen Polierpulver und die jeweilige Prozessführung wird in Abschn. 7.6 berichtet.

Eine besondere Form des Hochglanz-Polierens ist das chemisch beschleunigte Polieren, bei dem mit einer Beizflüssigkeit gearbeitet wird.

Diese kann auf Oxalsäure-Basis (unter Umständen mit arbeitshygienisch noch bedenklicheren Zusätzen) oder auf Basis der akzeptablen Zitronensäure aufgebaut sein.

Der Prozess wird in Abschn. 7.9 näher erläutert.

6.2.2 Kugelpolier-Compounds

Compounds zum Kugelpolieren brauchen kein großes Schmutztragevermögen, da kaum Abrieb entsteht. Sie sind meist leicht sauer eingestellt, um die Werkstückoberfläche leicht zu beizen und die feinen abgetragenen Metallpartikel aufzulösen.

Durch den leichten Beizeffekt helfen sie, hellere Teile zu erzeugen.

6.2.3 Trockenpolier-Compounds

Wie der Name schon ahnen lässt, enthalten Trockenpoliermittel kein Wasser.

Glatte Oberflächen erhalten durch Trockenpolieren einen unübertroffenen Tiefenglanz. Zum Trockenpolieren wird eine Granulat-Schüttung eingesetzt, die mit Polierpaste imprägniert ist. Durch das Imprägnieren wird die Konsistenz der Poliermasse eingestellt.

Zum Verfahren s. Abschn. 7.8

6.3 Beiz-Compounds

Beiz-Compounds enthalten immer Säuren. Der pH-Wert dieser Compounds reicht von 3,5 (z. B. Zitronensäure) bis unter 1 (z. B. Schwefelsäure).

Keine Salzsäure verwenden, da sie beißende Dämpfe entsendet und darüber hinaus in der Bearbeitung befindliche und auch im Umfeld liegende Stahlteile korrodiert.

Beizmittel lösen Rost und Zunder von der Oberfläche der Werkstücke.

Bei Buntmetallen sowie rostfreiem Edelstahl lassen sich durch Zugabe saurer Mittel Anlauffarben entfernt.

Neben den Säuren enthalten die Beiz-Compounds oft Inhibitoren, also Substanzen, die den Angriff auf das Metall selbst verringern. So wird nur der auf der Oberfläche haftende Oxidbelag entfernt.

Zum Beizen werden sowohl Pulver als auch Flüssigkeiten eingesetzt.

6.4 Zusatz-Compounds

Man kann Gleitschleifbearbeitungen gezielt beeinflussen, indem man neben den flüssigen Compounds Pulver zusetzt.

Man erreicht damit

- eine schnellere Entfettung
- eine etwas höhere Schleifleistung
- ein anderes Oberflächenbild (s. Abschn. 4.7 „körniges Schleifmaterial")
- eine gleichmäßige Bearbeitung flacher Teile.

> Reines Mineralpulver kann zur Reinigung einer Schleifkörperschüttung eingesetzt werden, die durch Abrieb eines weichen Metalls (z. B. Zink) verschmiert ist.

6.4.1 Entfettungspulver

Stark verölte Werkstücke können schneller entfettet werden, wenn zusätzlich zum Compound ein Entfettungspulver zugegeben wird.

Dies besteht neben Pulver-Tensiden aus feinem Mineral, das die Emulgier-Wirkung des flüssigen Compounds mechanisch unterstützt.

Zum Prozess siehe: Abschn. 7.6.1.

6.4.2 Schleifpulver

Ein Zusatz von schleifendem Mineralpulver hat zwei Effekte.

Zunächst verkürzt das Pulver (je nach Schleifleistung der Schleifkörper) mehr oder weniger die Bearbeitungszeit.

Wird das Pulver zu einer Bearbeitung mit wenig aggressiven Schleifkörpern oder keramischen Polierkörpern dosiert, dann erzeugt es ein Oberflächenbild auf den Werkstücken, das nicht die sonst typische „Orangenhaut" zeigt, sondern eine gleichmäßig matte und etwas dunklere Oberfläche (s. Abb. 4.12).

6.4.3 Adhäsionstrennkugeln

Kleine flache Werkstücke (z. B. Unterlegscheiben) neigen dazu, sich in der Maschine aufeinander zu legen und so Pakete zu bilden, die aufgrund von Kapillarkräften in der nassen Schüttung schwer zu trennen sind. Dieses Verhalten führt dazu, dass ein Großteil der Werkstücke nicht oder nur auf einer Seite ausreichend bearbeitet wird.

Ein „Pulver", das zur besseren Bearbeitung kleiner flacher Werkstücke zugegeben wird, besteht aus kleinen Kunststoff-Kugeln, die sich zwischen die einzelnen Werkstücke setzen und so ein Paketieren verhindern.

Bei kurzen Bearbeitungszeiten reicht es, das Mittel zu Anfang zuzugeben.

Bei länger dauernden Bearbeitungen empfiehlt es sich, die Trennkugeln kontinuierlich zu dosieren (mit einer Vibrationsrinne), da sie mit dem Abwasser ausgespült werden.

6.5 Compound-Dosierung

Da es belastend sein kann, alle paar Minuten Compound in die Maschine nachgeben zu müssen, greift man auf flüssige Mittel zurück, die sich über Pumpen leicht (Fehlermöglichkeiten s. unten) dosieren lassen.

Die Dosierung von Pulvern für Standard-Bearbeitungen ist nur interessant, wenn es lediglich einmal pro Bearbeitung zugegeben werden muss (wie in Glocken oder Trommeln).

6.5.1 Flüssig-Dosierung

Zur Dosierung von flüssigen Compounds werden heute fast ausschließlich Membranpumpen eingesetzt (wie unter Abschn. 3.2 Dosiersysteme beschrieben ist). In Membranpumpen bewegt ein Elektromagnet impulsweise die Membran auf einer Flüssigkeitskammer.

Membranpumpen haben zwei Einstellgrößen, den Hub der Membrane und die Frequenz (Zahl der Hübe pro Minute).

Die Standard-Membranpumpen haben eine maximale Förderleistung von 2 l/h.

Eine ausreichende Genauigkeit erreichen sie ab einer Hub-Einstellung von mehr als von 10 % des Minimalwertes.

Im Anhang III ist ein Diagramm über den Compoundverbrauch (Verlusttechnik) zu finden.

Mitunter fördern Membranpumpen nicht so wie sie sollen und manchmal erkennt man die Fehlfunktion erst, wenn der Inhalt der Gleitschleifmaschine vor Dreck starrt!

Dann kann folgendes passiert sein:

DIE PUMPE FÖRDERT NICHT, weil

- ein neues Gebinde angeschlossen wurde.
  Die Pumpen saugen nicht selbst an und müssen solange bei Maximalleistung betrieben werden, bis Compound aus der Leitung in den Arbeitsbehälter läuft.
- Luft angesaugt wurde und so der Dosierstrom abgerissen ist.
- der Ansaugschlauch abgeknickt ist
- das Fußventil fast zu ist und sich der Ansaugschlauch zusammengezogen hat
- die Ventilkugeln bzw. die Ventilfedern der Pumpe verschmutzt sind.

DIE PUMPE FÖRDERT ZU WENIG, weil

- der Hub deutlich unter 10 % gewählt wurde
- sich eine Luftblase in der Pumpe befindet
- der Dosierbehälter viel tiefer als die Dosierpumpe steht
- die Ansaugleitung einen zu hohen Strömungswiderstand besitzt
- die Ventilkugeln in der Pumpe nicht richtig arbeiten.

DIE PUMPE FÖRDERT ZU VIEL, weil

- sie hebert, da der Dosierbehälter höher steht als die Pumpe bzw. als der Auslauf in die Maschine
- die Ventilkugeln in der Pumpe nicht arbeiten.

Obwohl also die Membranpumpen in der Praxis ihre Tücken haben, sind sie doch wesentlich zuverlässiger und genauer, als die früher benutzten Pumpen, die auf dem Prinzip der Wasserstrahlpumpe beruhen.

Um eine genaue Dosiermenge einstellen, so muss die Dosiereinrichtung „ausgelitert" werden.

Dazu fängt man das geförderte Compound in einem Messbecher über eine definierte Zeit auf und rechnet auf die Stundenleistung um. Es ist darauf zu achten, das aus dem Original-Dosierbehälter auf seinem richtigen Platz über die Original-Leitung in den Arbeitsbehälter gefördert wird, da sonst die gemessene Menge von der bei der Bearbeitung geförderten stark abweichen kann.

6.5.2 Pulver-Dosierung

Pulverförmige Compounds werden meist von Hand dosiert. Und zwar vor allem dann, wenn nur eine einmalige Zugabe im Prozess erfolgt, wie bei Bearbeitungen in Glocken oder in halbautomatischen Abwasseranlagen.

Muss Pulver kontinuierlich dosiert werden, dann wird meist eine Vibrationsrinne verwendet. Müssen größere Mengen an Pulver dosiert werden (vor allem in der Abwasserbehandlung), setzt man Förderschnecken ein.

6.6 Kreislauf-Compounds

Soll das Prozesswasser im Kreis geführt werden, müssen die Compounds nicht nur in höherer Konzentration als in der Verlusttechnik eingesetzt werden, sondern sich von den Standard-Mitteln vor allem in Folgendem unterscheiden:

- höheres Schmutztragevermögen
- schaumarme Einstellung.

Das hohe Schmutztragevermögen ist nötig, da die Konzentration an Abrieb (besonders an feinem Abrieb) höher ist als in der Verlusttechnik.

Der Schaum muss gebremst werden, da in der Kreislauftechnik mit höheren Compound-Konzentrationen gearbeitet wird und bei der Prozesswasser-Reinigung mit der Zentrifuge Luft feinverteilt eingetragen wird.

Verfahrenstechniken

So breit in den verschiedenen Branchen die Bearbeitungs-Aufgaben gestreut sind, so vielfältig sind auch die Verfahrens-Varianten.

Die Beschreibung der unterschiedlichen Prozesse kann nur recht grob erfolgen, da je nach Material, Form und Größe der Werkstücke und spezieller Zielvorgaben, wie Sauberkeit, Oberflächengüte oder Helligkeit, Bearbeitungsparameter zu variieren sind.

Vor jeder Übernahme eines Verfahrens in die Produktion müssen daher die optimalen Werte durch Versuche (möglichst mit voller Charge) gefunden werden.

7.1 Begriffserklärungen

Zum besseren Verständnis der zu schildernden Prozesse sind einige Begriffe vorab zu erläutern. So bedürfen sowohl die elektrochemischen Vorgänge, die beim Gleitschleifen eine Rolle spielen, als auch Begriffe wie „Verlusttechnik" und „Kreislauftechnik" sowie einige weitere einer besonderen Erklärung.

7.1.1 Elektrochemische Aspekte

Da metallische Werkstücke bei der Bearbeitung vom Prozesswasser benetzt werden, laufen elektrochemische Reaktionen ab.

Wenn auch die Elektrochemie selbst für viele Chemiker ein rotes Tuch ist, so sind doch einige Grundinformationen zum Verständnis der Vorgänge sehr hilfreich.

In Abb. 7.1 ist der Mechanismus schematisch dargestellt, nach dem Metallionen aus dem festen Material in die wässrige Lösung übergehen.

© Springer Fachmedien Wiesbaden GmbH, ein Teil von Springer Nature 2018

H. Prüller, *Praxiswissen Gleitschleifen*, https://doi.org/10.1007/978-3-658-20927-8_7

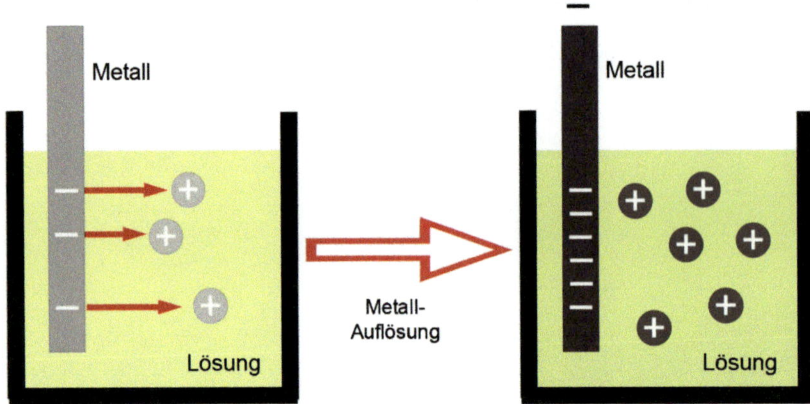

Abb. 7.1 Metallionen gehen in Lösung

Es gelten folgende Gesetzmäßigkeiten:

- Jedes Metall, das in eine wässrige Lösung getaucht wird, gibt positiv geladene Metallionen in die Lösung ab, wobei sich das Metall negativ gegenüber der Lösung auflädt.
- Dieser Vorgang läuft solange ab, bis ein Gleichgewichtszustand erreicht ist, nämlich zwischen einer bestimmten Aufladung des Metalls (Spannungswert) und der dazugehörigen Metallionen-Konzentration im Wasser.
- Die Höhe der Aufladung hat im Gleichgewichtszustand für jedes Metall einen charakteristischen Wert.
- Die Spannungs-Werte der Metalle, die sich gegenüber einer Lösung mit Norm-Konzentration (einnormale Lösung) dieses Metalls einstellen, sind ihrer Größe nach in der „Spannungsreihe der Metalle" geordnet.
- Wasserstoff-Ionen, die die Säurestärke einer Lösung bestimmen, werden wie Metallionen behandelt. Ihnen wird der Spannungswert 0 zugeordnet. Ein unedles Metall löst sich daher in Säure (hohe Wasserstoffionen-Konzentration) auf.
- Je unedler ein Metall ist, desto negativer ist sein Spannungswert.
- Edelmetalle haben positive Werte.
- Berühren sich zwei unterschiedliche Metalle in wässriger Lösung, so ist das Gleichgewicht gestört und es fließen Ladungen (Elektronen) vom edleren Metall zum unedleren, bis die Aufladung beider Metalle gleich ist. Das hat zur Folge, dass Ionen vom unedleren Metall in Lösung gehen, und sich gleichzeitig das edlere Metall aus der Lösung auf dem unedleren abscheidet. Diesen Vorgang nennt man Lokalelementbildung.

Solange der Metallabtrag flächig erfolgt, ist das kein großes Problem.

Leider aber wird wie nach dem erweiterten Fallgesetz (jeder Körper fällt so, dass er den größten Schaden anrichtet) meist Lochfraß erzeugt.

Abb. 7.2 zeigt Lochfraßerscheinungen auf Stahl (links) und auf Aluminium (rechts).

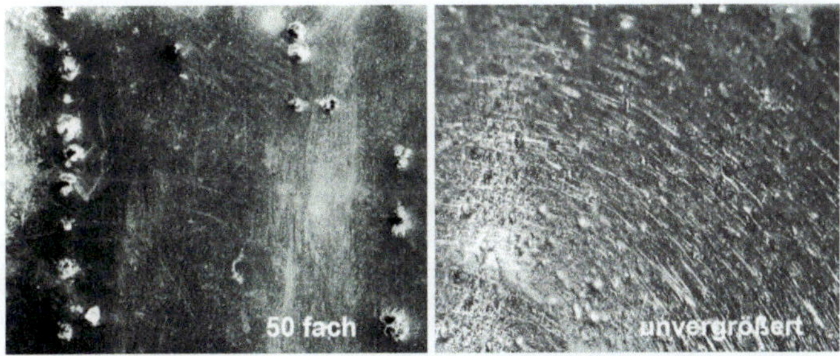

Abb. 7.2 Lochfraßerscheinungen

Man erkennt Lochfraß meist daran, dass die entstandenen Löcher tief sind und gezackte Kanten aufweisen. Besonders gerne bildet sich Lochfraß entlang von Schleifriefen oder Kratzern als „Perlenkette" aus.

Bei Anwesenheit unterschiedlicher Metalle (ganz besonders am selben Werkstück) ist mit Lokalelementbildung und damit mit Lochfraß-Korrosion zu rechnen. Erschwerend kommt hinzu, dass die Löcher schneller wachsen, als auch bei großer Schleifleistung die Oberfläche abgetragen wird.

In Abb. 7.3 ist in einem Schnitt quer zur Werkstückoberfläche demonstriert, wie katastrophal sich Lochfraß auf die Oberfläche auswirken kann.

Nach Möglichkeit sollte vermieden werden, verschiedene Metalle gleichzeitig in einer Maschine zu bearbeiten. Probleme kann es auch geben, wenn verschiedene Metalle in verschiedenen Maschinen mit demselben Kreislaufwasser bearbeitet werden.

Die Gefahr von Korrosion ist bei verschiedenen Metallpaaren unterschiedlich groß, Sie kann durch Einsatz eines Compounds mit gutem Korrosionsschutz verringert werden.

Abb. 7.4 zeigt Metallkombinationen, die gemeinsam bearbeitet werden können.

Eisen lässt sich zusammen mit Zink, Kupfer, Messing, Aluminium oder Magnesium ohne große Gefahr von Lochfraß bearbeiten. Vorausgesetzt ist der Einsatz eines guten Korrosionsschutzmittels.

Abb. 7.3 Lochfraß im Profil-Schnitt

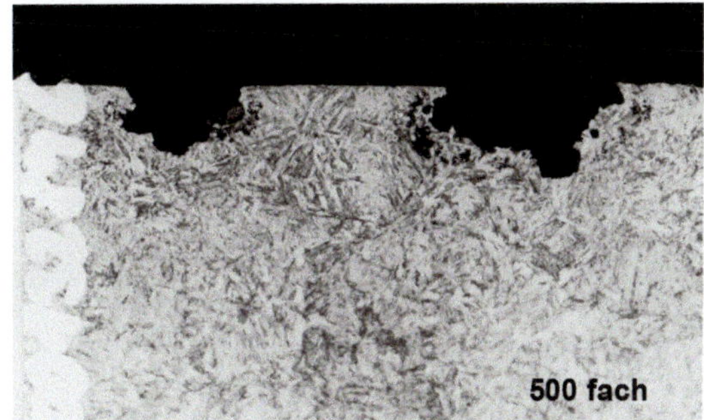

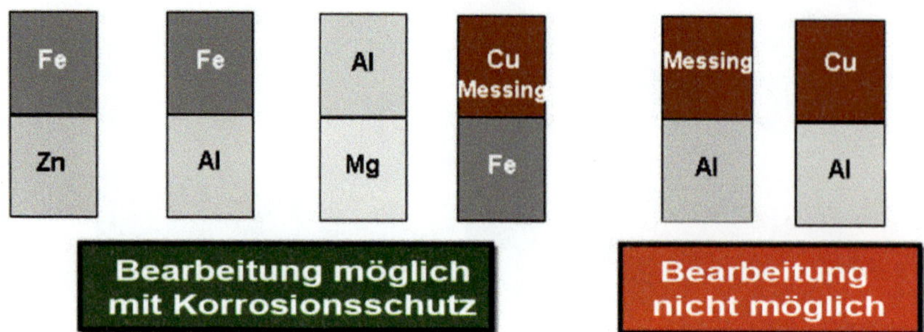

Abb. 7.4 Bearbeitungsmöglichkeiten von Metallkombinationen

Kupfer oder Messing sollte man nicht zusammen mit Aluminium in einer Charge laufen lassen.

7.1.2   Verlusttechnik

Die Verlusttechnik ist die klassische Methode des Gleitschleifens.

Das Wasser läuft durch den Arbeitsbehälter und wird nach Gebrauch in eine Abwasserbehandlungsanlage gebracht.

Wasser und Compound werden kontinuierlich zugegeben (Ausnahme: Bearbeitung im „Sumpf") und das Schmutzwasser fließt kontinuierlich ab.

Diese Technik erfordert wenig Aufmerksamkeit und kann bei fast allen Gleitschleifaufgaben eingesetzt werden.

Abb. 7.5 Verlusttechnik

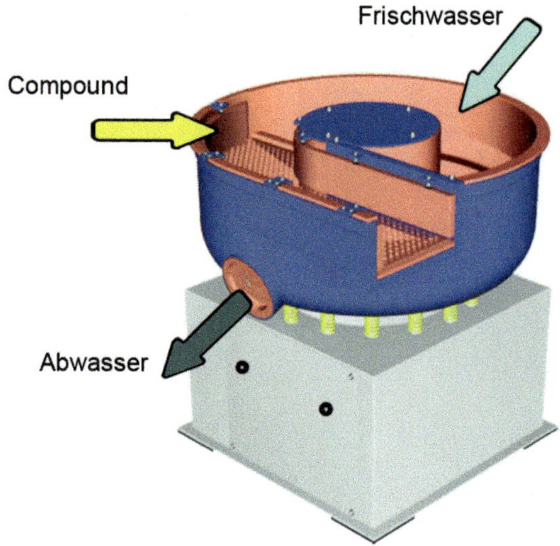

In der Verlusttechnik werden ca. 5 g Compound pro Liter Wasser dosiert. Ein Diagramm in Anhang III hilft den Compound-Verbrauch zu ermitteln.

Abb. 7.5 gibt diese Fahrweise schematisch wieder.

7.1.3   Kreislauftechnik

Der Wunsch, Wasser und Compound einzusparen, beschert uns die Kreislauftechnik.

Das aus dem Arbeitsbehälter laufende Prozesswasser wird über Pufferbehälter und eine Reinigungsstufe erneut dem Gleitschleifprozess zugeführt.

Zur Reinigung wird in aller Regel eine Zentrifuge eingesetzt, die 70–90 % der Feststoffe abtrennt.

Alternativ können zur Reinigung des Kreislaufwassers weitere Techniken eingesetzt werden, wie das Membranverfahren oder die Eindampfung. Diese Verfahren haben sich aber nicht durchsetzen können.

Die Zugabe des Compounds in Kreislaufsystemen erfolgt im Allgemeinen nur beim Ansetzen des Kreislaufwassers bzw. beim Ausgleichen von Wasser- und Compound-Verlusten. Sind die zu bearbeitenden Teile verölt, reicht eine einmalige Zugabe von Compound nicht, es muss vielmehr dauernd Compound nachgegeben werden.

Fährt man das Prozesswasser im Kreis, wird es natürlich „schmutziger" sein als in der Verlusttechnik.

Deshalb werden Wasserdurchsatz und Compound-Konzentration erhöht.

Die Kreislauffahrweise verdeutlicht Abb. 7.6.

Die Bearbeitung im Wasserkreislauf mit Zentrifugen-Anlagen bietet für Standard-Verfahren Vorteile wie:

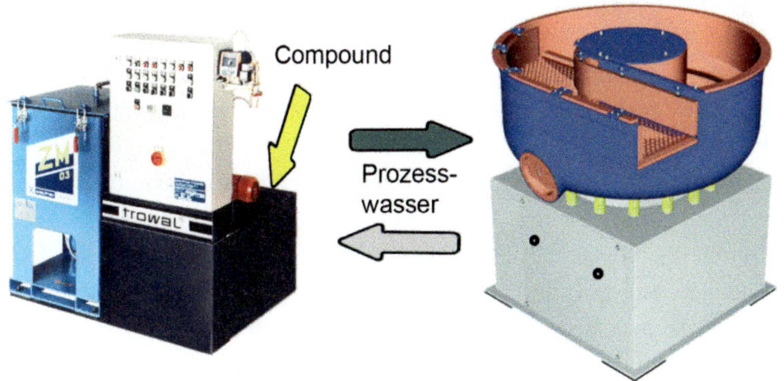

Abb. 7.6 Kreislauftechnik

- geringer Wasser- und Compound-Verbrauch
- weniger Schlamm (falls keine Flockung durchgeführt wird)
- geringer Platzbedarf
- die Reinigungsstufe ist leicht zu bedienen
- normalerweise keine Chemikalien zur Aufbereitung erforderlich
- kein Genehmigungsverfahren für eine Abwasserbehandlung erforderlich.

> In Prozesswasserkreisläufen erhöht man den Wasserdurchsatz um mindestens 20 % gegenüber der Verlusttechnik und die Compound-Konzentration auf 1–2 %.

So schön sich das alles anhört, Zentrifugen-Anlagen sind jedoch nicht universell einsetzbar.

Bei Gleitschleif-Verfahren mit folgenden Merkmalen ist die Kreislauf-Fahrweise gut zu beherrschen:

- es werden pH-neutrale Compounds eingesetzt
- die Werkstücke sind nicht stark verölt
- es entsteht Abrieb
- die Anforderungen an die Sauberkeit der Teile sind nicht zu hoch
- getrocknet wird mit Granulat.

Schwieriger zu überwachen und zu pflegen sind Kreisläufe, wenn:

- die Werkstücke stark verölt sind
- an Druckgussteile hohe Sauberkeitsanforderungen gestellt werden
- Magnesiumteile zu bearbeiten sind
- Kunststoffschleifkörper mit hohem Feinabrieb eingesetzt werden
- die Werkstücke hochglanzpoliert werden.

Selbst früher nicht im Kreislauf durchführbare Bearbeitungen, wie das Entfetten mit Stahlkugeln, können heute unter Verwendung spezieller Compound-Kombinationen durchgeführt werden.

In diesen Fällen muss wohl dauernd Compound und Flockungsmittel zugegeben werden. Es wird dann kaum eine Einsparung an Compound-Kosten zu verzeichnen sein, die auch noch durch die Kosten für das Flockungshilfsmittel aufgefressen wird. Außerdem steigt der Überwachungsaufwand.

Dann sollte man sich überlegen, ob man einer zweifelhaften Einsparung bei erhöhtem Wartungsaufwand nachjagen soll, oder lieber die stabile Verlusttechnik nutzen sollte möchte.

Laufen ein schwieriger zu überwachendes Verfahren und Maschinen mit Standardbearbeitungen im selben Wasserkreislauf, so kann die Kreislauffahrweise etwas einfacher zu beherrschen sein.

> Zu dunkle Teile: Eine Hilfe zur Fehlersuche gibt das Diagramm im Anhang V.

Nicht möglich sind Zentrifugen-Kreisläufe:

- zum Kugelpolieren
- wenn verschiedene Compounds eingesetzt werden müssen
- zum Entfetten oder Reinigen „mit sich selbst"
- zur Bearbeitung mit Stahlmedium
- zum Beizen
- bei extremer Anforderung an die Teilesauberkeit.

Die Ausführung von Zentrifugen-Kreisläufen ist im Abschn. 9.4 (Prozesswasser-Reinigung im Kreislauf) näher beschrieben.

Zu einem Problem bei Kreislauffahrweise mit Zentrifugen kann starke Schaumentwicklung werden. Je nach der Entstehungsursache des Schaums ist auch die Art der Bekämpfung unterschiedlich. Informationen dazu finden sich in Anhang VI.

In Kreislaufprozessen mit Flockung können die Teile leicht dunkel werden. Abhilfemaßnahmen sind in Anhang V zu finden.

Weiteres zum Kreislaufverfahren unter [11].

7.1.3.1 Standzeit von Zentrifugen-Kreisläufen

Bei allen Kreislaufverfahren muss das Prozesswasser regelmäßig ausgewechselt werden. Dabei spielt das Zeitintervall, in dem das Kreislaufwasser erneuert werden muss, für die durch die Kreislauftechnik erzielbare Einsparung eine wesentliche Rolle.

Die Standzeit einer Kreislauf-Füllung richtet sich nach:

- der Prozesswassermenge
- der täglichen Betriebszeit
- Art und Feinheit des Abriebs
- der Menge an eingeschlepptem Öl
- der kontinuierlichen Zugabemenge an Compound
- der Zugabemenge an Flockungsmittel.

Die Standzeiten von Kreislauf-Flüssigkeiten können daher sehr verschieden sein.

Da Kreisläufe hauptsächlich mit Zentrifugen betrieben werden, kann über Erfahrungen mit deren Standzeiten berichtet werden. Sie reichen von einer Woche bis zu mehreren Monaten.

Ein Betreiber eines Standard-Kreislaufs berichtet stolz, er brauche sein Prozesswasser überhaupt nicht wechseln. Bei genauerer Betrachtung zeigte sich, dass jeden Tag mit fünf Liter Wasser Verluste ausgeglichen wurden.

Das bedeutet bei 300 l Prozesswassermenge (rein rechnerisch), dass nach zwei Monaten die gesamte Flüssigkeit ausgewechselt war!

Genauere Vorhersagen über die zu erwartende Standzeit sind nur schwer zu machen. Geht man von den üblichen 300 Litern an Kreislaufflüssigkeit aus, so kann man jedoch sagen, dass Standardkreisläufe zwei bis drei Monate überstehen sollten (bei einschichtigem Betrieb), ehe das Prozesswasser ausgewechselt werden muss.

Bei Kreisläufen mit leichtem Öleintrag oder sehr feinem Kunststoff-Abrieb reduziert sich die Standzeit auf einige Wochen.

Muss dauernd Compound und Flockungsmittel dosiert werden, kann das Prozesswasser bereits nach einer Woche erschöpft sein.

7.1.3.2 Pflege von Zentrifugen-Kreisläufen

Um die angesetzte Prozessflüssigkeit möglichst lange nutzen zu können, sollte nach jeder Entsorgung des verbrauchten Prozesswassers eine Systemreinigung mit anschließender Konservierung des Neuansatzes durchgeführt werden.

Für die durchzuführenden Arbeiten bietet die Firma Schülke & Mayr zwei Produkte an.

Systemreinigung
Diese besteht aus:

a) Entkeimen der gesamten Anlage
   (Durchführung siehe Punkt 1–3 der Ablaufbeschreibung Systemreinigung)
b) Entschlammen und Reinigen aller Anlagenteile (siehe Punkt 4–6)
c) Neubefüllung mit Prozesswasser (siehe Punkt 7–8)
d) Vorkonservierung des Prozesswasseransatzes (siehe Punkt 9)

Erforderlich wird ein Entkeimen spätestens dann:

1. Wenn eine starke Geruchsbelästigung vom Prozesswasser ausgeht, oder
2. Wenn der Bakterienbefall > 104 Bakterien/ml beträgt, oder
3. Einmal pro Jahr.

Ablauf der Systemreinigung

1. 3 % Entkeimer GROTANOL in den Schmutzwasser-Sammelbehälter geben. Die Prozentzahl bezieht sich auf die gesamte Prozesswassermenge im System.
2. 6–8 Stunden Umlauf und Einwirkzeit der Lösung im gesamten System zur Entkeimung.

3. Entsorgung der GROTANOL-Lösung d. h. des Prozesswassers durch Abpumpen in einen Transport- und Entsorgungsbehälter.
4. Entschlammen und Reinigen aller Anlagenteile wie z. B. Hebestationen, Pumpen, Behälter, Schwimmerschalter, Leitungen, Düsen, Bodensieb.
5. Spülen der kompletten Anlage mit Frischwasser.
6. Entsorgen des Spülwassers durch Abpumpen.
7. Neu-Ansatz des Systems im Prozesswasser-Behälter wie folgt:
   a) Schmutzwasserbehälter mit Frischwasser befüllen
   b) 2–3 % Behandlungsmittel, bezogen auf die Frischwassermenge zugeben.

Wiederinbetriebnahme
Zentrifuge einschalten.

Vorkonservierung des Prozesswasser-Neuansatzes durch Zugabe von 0,1 % PARMETOL in Schmutzwasser-Behälter, bezogen auf die Prozesswassermenge.

Am besten im Sommer am Freitagmittag 0,1 % PARMETOL zugeben und über das Wochenende das Rührwerk laufen lassen.

7.1.4 Hoher Wasserstand

Durch den „hohen Wasserstand" nimmt man Schleifdruck aus der Masse, und Werkstücke sowie Schleifkörper werden außerdem beweglicher. Das Ergebnis ist eine schonendere Bearbeitung.

Bei der Bearbeitung in Glocken, Trommeln, Fliehkraftmaschinen und Schleppschleifmaschinen ist es möglich, die gesamte Schüttung quasi im Wasser „schwimmen" zu lassen.

Im Vibrator würde beim Arbeiten mit hohem Wasserstand das Wasser aus dem Behälter spritzen.

Hoher Wasserstand heißt, das Auslaufventil wird geschlossen und Wasser sowie Compound werden bis zu einem gewünschten Niveau eingefüllt.

Es ist auch möglich, bei hohem Wasserstand zu fahren und gleichzeitig Wasser durch die Maschine laufen zu lassen. Dazu muss man das Auslaufventil über eine Zeitsteuerung intervallweise takten.

7.1.5 Bearbeitung „im Sumpf"

Die Bearbeitung „im Sumpf" ist eine Bearbeitung mit hohem Wasserstand ohne Wasserdurchfluss. Die Masse ist dabei weitgehend vom Prozesswasser bedeckt.

Die Bearbeitung in der Trommel oder Glocke ist immer eine Bearbeitung „im Sumpf", also grundsätzlich ohne Wasserdurchfluss.

Auch bei anderen Maschinen spricht man von „im Sumpf" fahren, wenn bei hohem Wasserstand kein zusätzlicher Wasser-Durchfluss stattfindet.

7.1.6   Bearbeitung „mit sich selbst"

Wenn eine Bearbeitung ohne Zugabe von Schleifkörpern stattfindet, wenn sich also die Werkstücke durch ihre gegenseitige Berührung selbst bearbeiten, spricht man von einer Bearbeitung „mit sich selbst". Hier darf man keine große Schleifleistung erwarten. Lediglich Flittergrate werden abgerissen oder Hitzerisse bei Druckgussteilen zugedrückt. Bei Werkstücken mit runden Konturen, wie Wellen, kann man auch eine Glättung der Oberfläche und sogar ein wenig Glanz erwarten.

7.2   Entgraten und Verrunden

Entgraten ist das am häufigsten angewandte Standardverfahren. Die Palette der Materialien, die sich entgraten lassen, ist riesig. Sie umfasst:

- alle Stahlsorten
- Hartmetall
- Buntmetalle
- Zink
- Leichtmetalle (Al, Mg, Ti)
- Keramik
- Kunststoffe (hauptsächlich Duroplaste)
- Elastomere (mit Einschränkungen)
- Holz (im Trockenverfahren).

Nicht alle Arten von Graten lassen sich problemlos entfernen. Flittergrate legen sich leicht um, Grate mit großer Fußbreite erfordern erhebliche Bearbeitungszeiten, so dass es besser ist, sie durch Vorschleifen weitgehend zu entfernen.
Nicht wirtschaftlich zu entfernen sind:

- Sandgussgrate, Kokillengussgrate, Schmiedegrate
- Grate an sich kreuzenden Innenbohrungen
- innenliegende Flittergrate.

In Vibratoren lassen sich Grate bis 0,1 mm Fußbreite wirtschaftlich entfernen, in Fliehkraftmaschinen bis 0,3 mm Fußbreite.

Einen Vorschlag zur Beschreibung verschiedener Arten von Graten und konstruktive Möglichkeiten zur Verringerung der Gratbildung gibt Schäfer [12].

Der Prozessablauf zum Entgraten ist denkbar einfach:

Nachdem die Maschine mit Schleifkörpern, Wasserdurchlauf und Compound-Dosierung gestartet ist, werden die Werkstücke zugegeben und solange bearbeitet, bis der Grat auf das gewünschte Maß gebracht ist oder darüber hinaus, die Kanten den nötigen Rundungsradius aufweisen.

Anschließend werden die Werkstücke von den Schleifkörpern separiert und ausgetragen.

Je nach Empfindlichkeit der Werkstücke wird ein Volumenverhältnis von Werkstücken zu Schleifkörpern von 1 : 2 bis 1 : 5 gewählt.

> Lange schmale Flittergrate können sich leicht umlegen, wenn schwere große Schleifkörper mit geringer Schleifleistung verwendet werden.

Wesentlich für eine gute und wirtschaftliche Entgratung ist die Wahl der geeigneten Schleifkörper. Diese bestimmen allerdings auch das erzeugte Oberflächenbild (siehe Abschn. 4.9.3).

Zu berücksichtigen ist, dass die Verrundung einer Kante mit zunehmender Laufzeit immer langsamer erfolgt, d. h., dass sich die runder werdende Kante immer mehr wie eine Fläche verhält.

Die Effektivität einer Bearbeitung nimmt vom Werkstoff Stahl zu den Buntmetallen hin zu.

Bei Einsatz einer Fliehkraftanlage muss man damit rechnen, weniger effektiv zu arbeiten als im Vibrator.

Tab. 7.1 gibt Hinweise auf die zu verwendende Schleifkörpersorte.

Tab. 7.1 Schleifkörperwahl zum Entgraten

Art des Grates	Sprödes Material	Duktiles Material
Breiter Fuß	Keramik groß schwach bis mittel schleifend	Keramik groß stark schleifend
Langer Grat	Keramik groß schwach bis mittel schleifend	Kunststoff stark schleifend
Flittergrad	Kommt nicht vor	Kunststoff mittel schleifend
Innengrad	Keramik, nur bei Zugänglichkeit entfernbar	Nicht zu entfernen
Spitzer Kantenwinkel	Keramik	Kunststoff stark schleifend
Stumpfer Kantenwinkel	Keramik groß	

Jede Bearbeitung lässt sich schonender durchführen durch:

- niedrigere Maschinendrehzahl
- mehr Schaum
- kleinere Schleifkörper (bessere Einbettung).

Bearbeitung von Stahl

Als Compound ist ein Mittel mit Korrosionsschutz einzusetzen, und die Teile müssen anschließend sofort getrocknet werden, um Rostbildung zu vermeiden.

Der durch das Compound erzielte Korrosionsschutz ist temporär und hält je nach Feuchte und Temperatur der Umgebungsluft bis zu mehreren Tagen.

Eine interessante Information über den temporären Korrosionsschutz ist in der Bosch-Norm 370 01 [10] zu finden.

Weitreichender Korrosionsschutz kann durch Tauchen in Dewatering Fluid (Mineralöl mit Benetzungszusätzen) und entsprechende Verpackung erreicht werden.

Bearbeitung von Buntmetallen

Buntmetalle lassen sich gut entgraten.

Hellere Teile kann man erhalten, wenn man ein leicht sauer eingestelltes Compound einsetzt.

Bearbeitung von Zink

Zink Druckguss lässt sich gut bearbeiten, wenn Kunststoffschleifkörper gewählt werden. Beim Einsatz von Keramik-Schleifkörpern können diese durch das weiche Metall leicht „verschmieren" und so ihre Schleifleistung einbüßen.

Bearbeitung von Leichtmetallen

Metalle wie Aluminium und Magnesium lassen sich besonders effektiv mit quarzhaltigen Kunststoffschleifkörpern bearbeiten. Oft sollen neben dem Entgraten Hitzerisse „zugeklopft" werden. In dem Fall sind Schleifkörper großer Abmessungen angebracht.

Besonders effektiv schleifen auf Leichtmetallen quarzgefüllte Kunststoff-Schleifkörper.

Bearbeitung von Keramik

Da Keramik-Teile sehr empfindlich gegen Schlag sind, muss ein hohes Verhältnis von Schleifkörpern zu Werkstücken gewählt werden.

Es empfiehlt sich außerdem Schleifkörper kleiner Abmessungen zu verwenden, damit die keramischen Werkstücke gut und weich eingebettet werden.

Auf diese Weise werden die meist spröden Kanten möglichst wenig durch aufschlagende Schleifkörper beschädigt.

Die Wahl des Compounds ist unkritisch, da keine Korrosion zu befürchten ist. Es sollte lediglich auf eine gute Reinigungseigenschaft geachtet werden.

Bearbeitung von Kunststoff

Beim Entgraten von Kunststoff ist zu berücksichtigen, dass die vom Spritzgießen oder Extrudieren glatte Oberfläche durch die Schleifkörper angekratzt und dadurch matt wird.

Harte Kunststoffe, wie Teflon oder Polycarbonat, lassen sich gut glätten. Sie bleiben jedoch matt.

Weiche Kunststoffe, wie Elastomere können in Standardbearbeitungen lediglich von feinen Flittergraten befreit werden.

Will man die Oberfläche glätten, so müssen die Werkstücke während des Gleitschleifens mit Trockeneis oder gar mit flüssigem Stickstoff gekühlt werden. Eine wahrhaft teure Angelegenheit!

7.3 Glätten

Oberflächen müssen nicht nur dann geglättet werden, wenn Unebenheiten aus Vorbearbeitungen stören, sondern auch wenn Schleifriefen oder Kratzer entfernt werden müssen oder Reste von Gusshaut auf den Werkstücken haften.

Das Verfahren gleicht dem der Entgratung. Deswegen findet neben dem gewünschten Glätten auch ein Entgraten und ein Verrunden der Kanten statt. Eine grobe Angabe der durch Gleitschleifen erreichbaren Rauheiten gibt die Tab. 4.1 im Abschn. 4.9.3. wider.

Die Abb. 7.7 zeigt vergleichend den Trend der erreichbaren Oberflächengüten, abhängig vom Werkstoff, Maschinentyp und der Schleifkörpersorte, bei jeweils gleichbleibenden Bearbeitungsparametern.

Die Oberflächengüte wird durch mehrere Faktoren bestimmt. Sowohl der Schleifkörpertyp ist von Einfluss, als auch wesentlich der Maschinentyp, die Maschineneinstellung sowie das Material der Werkstücke. Dabei erzeugt jede Schleifkörpersorte ihr eigenes Rauheitsbild.

Die Einstellung der Maschine spielt eine besonders große Rolle. So kann man durch Wahl geeigneter Parameter in einer Fliehkraftmaschine glattere Oberflächen erzielen als in einem Vibrator.

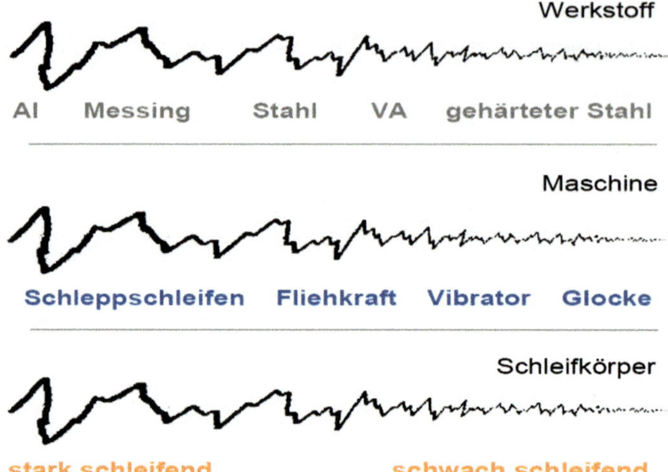

Abb. 7.7 Größen, die Einfluss auf die Rauheit haben

Kratzer in der Oberfläche sind nicht immer ein Ergebnis der Gleitschleifbearbeitung. Sie können schon vorher vorhanden, aber schlecht zu sehen sein.

Eine Diskussion über deren Entstehung kann schnell beendet werden, wenn die Oberflächen vor dem Gleitschleifen genau betrachtet werden.

7.4 Reinigen

Vor allem in Reparaturbetrieben fallen stark verschmutzte Teile an, die vor dem Wiedereinbau gründlich zu reinigen sind.

Das Reinigen durch Gleitschleifen erfolgt an allen Stellen, die die Schleifkörper erreichen, schneller als durch Tauchen oder Waschen. Das liegt daran, dass die Wirkung des Compounds durch den mechanischen Angriff der Schleifkörper erheblich verstärkt wird.

Hier ist die Wahl des Compounds von entscheidender Bedeutung. Es ist ein Compound auszusuchen, das ein gutes Löse- oder Emulsionsvermögen für die zu entfernende Verunreinigung besitzt.

Während des Reinigungsvorganges werden natürlich auch Grate verringert und Kanten verrundet. Möchte man reinigen, ohne die Kanten merklich anzugreifen, so müssen sehr schwach schleifende Schleifkörper oder Polierkörper zum Einsatz kommen.

Eine zusätzliche sehr interessante Anwendung hat das Gleitschleifen in der Besteckreinigung gefunden. Durch Einsatz dieser Technik entfällt das manuelle Spülen, mit dem dafür nötigen Personaleinsatz und dem enormen Wasserverbrauch. dadurch sinken die Kosten für das Reinigen und Trocknen auf ein Drittel der bisherigen Verfahrenskosten!

Es gibt inzwischen preisgünstige Anlagen (mit Trogvibrator), die speziell für Reinigungsarbeiten konzipiert sind.

7.5 Dekontaminieren

Will man Oberflächen von gesundheitsschädlichen oder gefährlichen Stoffen befreien, spricht man von „dekontaminieren". Durch den Gleitschleifprozess werden diese Substanzen mit einer dünnen Schicht des bearbeiteten Materials abgetragen und in das Behandlungswasser gebracht.

Sehr interessant wird der Einsatz des Gleitschleifens für die Dekontaminierung radioaktiv belasteter Bauteile, die durch den Rückbau von Kernkraftwerken in großer Zahl anfallen werden.

In diesem Fall schlägt das Gleitschleifen gleich zwei Fliegen mit einer Klappe. Einmal kann die Dekontaminierung automatisiert und daher ohne die direkte Anwesenheit von Menschen durchgeführt werden. Zum anderen werden die abgetragenen radioaktiven Partikel bei der Wasserbehandlung durch Flockung abgeschieden und in das relativ kleine Schlammvolumen gebracht.

7.6 Entfetten

Jedes Gramm Öl, das ungewollt in die Maschine gelangt, erschwert und verteuert den Gleitschleif-Prozess sowie die Abwasserbehandlung unnötig!

So wurde in den 90er-Jahren behördlicherseits stark dafür plädiert, die Werkstücke vor dem Gleitschleifen in einem separaten Arbeitsschritt nach einem anderen Verfahren zu entfetten.

So sinnvoll dies einerseits erscheint, handelt man sich doch andererseits einen zusätzlichen Produktionsschritt (inkl. Handling) ein und gewinnt lediglich die Trennung von mit Abrieb belastetem Abwasser und ölhaltiger Emulsion.

Vor dem Entfetten stark verölter Teile in einer Gleitschleifmaschine ist es daher in jedem Fall sinnvoll, die an den Teilen haftende Öl- oder Fett-Menge so weit wie möglich zu reduzieren.

Dafür gibt es einige einfache Maßnahmen:

- Die Böden der Transportbehälter bekommen Löcher und stehen in einer Wanne (die mittransportiert wird)
- Die verölten Teile werden vorher mit dem Hochdruckreiniger abgespritzt.
- Wird ein Transportbehälter, auf dessen Boden sich Öl gesammelt hat, in die Maschine entleert, so sollte dies über eine Sieb-Schütte geschehen, die das freie Öl so ablaufen lässt, dass es nicht in die Maschine gelangt.

Auf glatten Flächen erkennt man eine vollständige Entfettung dadurch, dass es beim kräftigen Darüberstreichen mit dem (fettfreien) Finger „quietscht".

Für das Entfettungsverfahren gilt das Gleiche wie für das Reinigen, wobei das Compound natürlich nach seinen Entfettungseigenschaften ausgesucht wird.

Dadurch, dass bei den Standardverfahren mehrere Vorgänge gleichzeitig erfolgen, lassen sich mehrere Bearbeitungsziele in einem Arbeitsgang erreichen, nämlich Entfetten, Reinigen, Entgraten und Verrunden der Kanten.

Zur Entfettung in Fliehkraftmaschinen kann es vorteilhaft sein, zunächst nur Werkstücke und Entfettungspulver einzufüllen und die Schleifkörper erst dann zuzugeben, wenn die zu Beginn entstandene dunkle Brühe abgeflossen ist.

Besonders effektiv lassen sich schwierig zu entfernende Fette beseitigen, wenn das Prozesswasser erwärmt wird. Man spart auf diese Weise nicht nur Zeit und Entfettungsmittel. Auch die Flockung des Abwassers wird problemloser.

7.6.1 Schockentfettung

Werden stark verölte Teile in eine Gleitschleifmaschine gegeben, so wird der gesamte Behälterinhalt zunächst dunkel und schmierig. Eine Entfettung findet kaum statt, da auch ein Compound, das gute Entfettungseigenschaften besitzt, durch die Menge an Öl zunächst überfordert ist.

Mit zunehmender Laufzeit wird die Schüttung heller und es entsteht Schaum. Nun erst wird die Hauptmenge des Öls emulgiert, und jetzt erst beginnt die Schleifarbeit.

Das bedeutet eine Verlängerung der Bearbeitung um die Zeit, die es braucht, die Masse zu entfetten.

Die Zeit zur Entfettung lässt sich stark verkürzen, wenn man zu Beginn Entfettungspulver zugibt.

Die Wirkung eines solchen „Verstärkers" beruht nicht nur darauf, dass er Entfettungs-Tenside in hoher Konzentration enthält. Der Mineralanteil im Pulver unterstützt die emulgierende Wirkung des Compounds durch einen „Schmirgeleffekt".

Auf diese Weise wird das Öl schnell entfernt und das eigentliche Schleifen startet sofort (Schockentfettung).

7.7 Hochglanz-Polieren

Viele Werkstücke werden in einem letzten Bearbeitungsschritt poliert. Der Glanz dient vor allem bei Haushaltsgegenständen dekorativen Zwecken. Bei der Verwendung der polierten Teile im industriellen Bereich ist meist eine möglichst glatte Oberfläche mit geringem Reibungswiderstand das Bearbeitungsziel.

Würde man eine raue Oberfläche solange nur mit Polierkörpern bearbeiten bis sie glänzt, so würde eine halbe Ewigkeit vergehen.

Um insbesondere Hochglanz mit akzeptablem Zeitaufwand zu erreichen, muss daher die Fläche zunächst glattgeschliffen und dann poliert werden.

Früher wurden feingeschliffene Werkstücke mit Zink- oder Kupferkorn in Glocken poliert, wobei hervorragende Ergebnisse erreicht wurden. Das Verfahren überlebte jedoch aus Umweltgründen nicht.

Die aktuell gebräuchlichen Verfahren (Rösler-Bezeichnung: Keramofinish, Trowal-Bezeichnung: Trowapast) bewältigen Schleifen und Polieren ganz clever in einem Arbeitsgang.

In Abb. 7.8 ist der zeitliche Verlauf eines Poliervorgangs dargestellt.

Neben keramischen Polierkörpern wird eine Paste oder ein Pulver auf die Werkstücke losgelassen. Im Folgenden wird für beide Spezies der Begriff „Paste" benutzt.

Zu Beginn des Verfahrens wird durch die Körner in der Paste die Oberfläche glattgeschliffen. Dabei zerreiben sich die Körner des Schleifminerals, bis sie so fein sind, dass

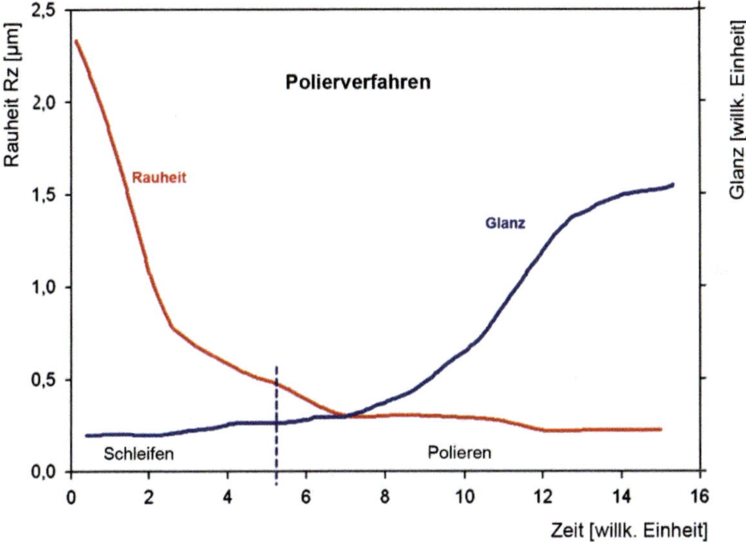

Abb. 7.8 Zeitlicher Verlauf von Rauheit und Glanz

sie polierend wirken und zusammen mit den Polierkörpern hochglänzende Oberflächen erzeugen können.

Die Paste enthält viel Tensid und Schleifmineralien. Dadurch, dass mit losem Schleifkorn und Polierkörpern gearbeitet wird, bleiben die Kanten der Werkstücke weitgehend erhalten und es wird hauptsächlich die Fläche eingeebnet.

Die Paste wird mit nur wenig Wasser in die Maschine gegeben, der Wasserdurchfluss abgestellt und der Auslauf der Maschine geöffnet. Polier-Compounds und Polierkörper bilden so bald eine schmierige Masse.

Beim Standard-Gleitschleifen wird der Grat verringert. Beim Polieren bleibt der Grat und nur die Fläche wird eingeebnet.

In Abb. 7.9 sind drei Profile von Kanten mit Grat gezeigt.

Die richtige Feuchtigkeit des Behälterinhaltes ist eminent wichtig.

Arbeitet die Maschine zu nass, so läuft das Poliermittel aus und es wird keine Politur erreicht. Läuft die Schüttung trocken, dann staubt die Maschine derartig, dass Boden und Wände der Fabrikhalle eine nette Pulverbeschichtung erhalten (die Politur der Werkstücke dagegen kann hervorragend werden).

Da sich das Schleifmineral selbst aufreibt, während es die Werkstückoberfläche glättet, ist es einleuchtend, dass ein bestimmtes Pulver nur eine bestimmte Schichtdicke abtragen kann, die für diese Kombination aus Werkstückmaterial und Polierpulver spezifisch ist. Das heißt, es können bestenfalls Riefen bis zu dieser Tiefe entfernt werden.

Daher werden Polierpasten bzw. Pulver mit unterschiedlicher Anfangs-Schleifleistung angeboten.

Wenn die gewünschte Politur nicht erreicht wird (leichter Schleier), sind in fast allen Fällen die Polierkörper nicht genügend glatt.

Man glättet neue Polierkörper, indem man sie viele Stunden (am besten in einer Fliehkraftmaschine) ohne Werkstücke laufen lässt.

Abb. 7.9 Profile nach Entgraten bzw. Polieren

Den letzten Glanz erhalten die polierten Flächen anschließend dadurch, dass das Mineralpulver ausgespült wird, und die Werkstücke noch eine Zeitlang nur mit den Polierkörpern und einem entsprechenden Compound laufen (genannt: Aufhellen).

Eine verlängerte Bearbeitungszeit beim Hochglanzpolieren kann keine höhere Anfangsrauheit beseitigen.

Zum Polieren von Flächen mit zu hoher Anfangsrauheit kann man entweder die Werkstücke vor dem Polieren mit Feinschleifkörpern glätten oder sie zweimal nacheinander mit Polierpulver bearbeiten.

Zuerst wählt man ein kräftig schleifendes Pulver und für den zweiten Durchgang ein schwächer schleifendes. Diese teurere Methode wird man vor allem wählen, wenn die Werkstücke Funktionskanten besitzen, die nicht verrundet werden dürfen (z. B. Taschenmesserklingen).

Als Maß für die Rauheit wird meist der Ra-Wert gewählt, der die mittlere Rauheit der Messstrecke (in μm) angibt. Sinnvoll ist es auch, den Rz-Wert zu verwenden, der den Mittelwert der fünf tiefsten Riefen bedeutet, da es ja darum geht, die tiefsten Riefen auszuschleifen.

Zur Bestimmung des Anfangs-Rauheitswertes wird der Rmax-Wert herangezogen (s. Abschn. 11.3). Er zeigt beim Vorhandensein von Schleifriefen die tiefste Riefe innerhalb der Messstrecke an. Diese gilt es ja auch auszuschleifen.

Typische Werte für das Schleifen und Polieren verschiedener Werkstückmaterialien gibt die Tab. 7.2 wider. Bei allen Bearbeitungen wurde 16 Stunden im Vibrator mit anschließendem Aufhellen gearbeitet. Die Ausgangsrauheit betrug Ra = 0,1 μm.

Es ist deutlich zu sehen, dass sowohl die erreichte Oberflächenglätte als auch der Glanz für die verschiedenen Metalle unterschiedlich ausfallen. So lässt sich z. B. auf Messing hervorragender Glanz erzeugen, während er auf Aluminium wesentlich schwächer ausfällt.

Die nötige Menge an Polierpulver beträgt etwa 1,5 kg/100 l Maschinenvolumen.

Tab. 7.2 Polierergebnisse für verschiedene Metalle

Material	Gesamtabtrag [μm]	Endrauheit Ra [μm]	Glanz [GU]
Aluminium	2,4	0,04	305
Messing	3,7	0,03	526
Stahl	1,0	0,02	363
Stahl, rostfrei	0,9	0,04	369

7.7.1 Polieren in der Glocke

Das Polieren mit Paste in der Glocke erzeugt sehr hochwertige Polituren. Allerdings sind die Polierzeiten wegen des geringen Anpressdruckes sehr lang.

Der Verfahrensablauf ist sehr einfach.

Man mischt Polierkörper, Polierpaste und etwas Wasser, um eine schmierige Masse zu erhalten. Dann wird die Drehung der Glocke gestartet und nach Vermischung der Komponenten werden die Rohteile zugegeben. Eine Wasserergänzung während des Prozesses ist im Allgemeinen nicht nötig, da wegen des geringen Energieeintrages kaum Wasser verdampft. Vor dem Aufhellen wird kräftig gespült.

7.7.2 Polieren im Vibrator

Dieses am meisten praktizierte Polierverfahren läuft so ab, dass zunächst Polierpulver mit Wasser angeteigt wird und in die feuchte Polierkörperschüttung gegossen wird.

Das Anteigen verhindert, dass sich Pulver-Nester bilden, die irgendwann zerfallen und mit nicht zerriebenem Korn Kratzer verursachen.

Nachdem das Poliermittel verteilt ist, werden die Werkstücke zugegeben.

Es fällt auf, dass die Bearbeitungszeit etliche Stunden dauert, bis ein Hochglanz erreicht ist. Die benötigte Bearbeitungszeit ergibt sich aus der Qualität der gewünschten Politur, der Ausgangsrauheit und dem Material der Werkstücke.

Der richtige Feuchtigkeitsgehalt wird dadurch gehalten, dass mittels einer Dosierpumpe gerade so viel Wasser nachgegeben wird, wie auch verdunstet (1–2 l/h).

Die dazu nötige Wassermenge muss empirisch gefunden werden, da das Ausmaß der Wasserverdampfung durch Temperatur, Feuchte der Raumluft, sowie die Erwärmung der Masse beeinflusst wird.

Die Überwachung der Wasserdosierung kann wegen der langen Bearbeitungszeit zum Problem werden.

Bei allen Polituren in Vibratoren bleiben auf den Flächen winzige Markierungen zurück, da die Polierkörper auf den Werkstücken „hüpfen"(besonders beim Aufhellen).

Eine Ausnahme machen lediglich keramische Werkstücke. Deren Oberflächen sind so hart, dass keine Markierungen durch die Polierkörper entstehen.

Die zeitliche Abnahme der Rauheit Rz zeigt Abb. 7.10.

Das Hochglanz-Polieren in Topf-Vibratoren findet immer größeres Interesse.

In diesen Maschinen lassen sich außerordentlich schöne Polituren ohne merkbare Markierungen erzeugen.

Der Grund für die bessere Oberfläche liegt einmal darin, dass die Werkstücke im Arbeitsbehälter aufgespannt werden können. Durch die Fixierung, die auch magnetisch erfolgen kann, wird der Fluss der Polierkörper um das Werkstück gleichmäßiger.

Zum anderen wird die Bearbeitung mit hoher Frequenz und geringer Schwingweite durchgeführt, was den „Klopfeffekt" der Polierkörper mindert. Schließlich kann durch

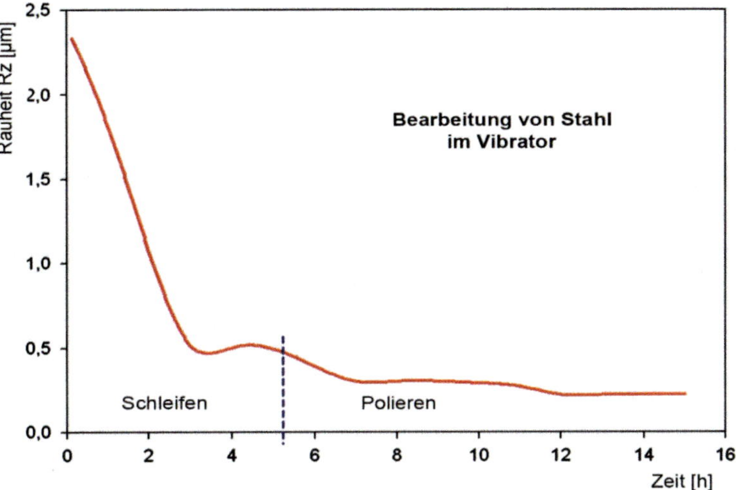

Abb. 7.10 Hochglanz-Polieren im Vibrator

die Einstellung der Schwingrichtung der mindestens zwei Motoren für einen optimalen Fluss gesorgt werden.

7.7.3 Polieren in der Fliehkraft-Maschine

Das Hochglanzpolieren in einer Teller-Fliehkraftmaschine scheiterte lange Zeit daran, dass die entstehende Wärme nicht abgeführt werden konnte, was zur übermäßigen Ausdehnung des Tellers und damit zu seiner Blockierung führte.

Neuerdings gelingt es jedoch, den Inhalt des Arbeitsbehälters mit Luft zu kühlen, und zwar durch Einleiten von Luft von oben auf die Schüttung (Druckluft oder Ventilator).

Dabei ist es nicht eigentlich die Luft, die die Masse herunterkühlt, sondern eine durch den Luftstrom hervorgerufene zusätzliche Wasserverdampfung.

Aus diesem Grund ist die nötige Wasserzugabe während des Prozesses (4–6 l/h) wesentlich größer als die bei einem Vibrator.

Einen guten Umlauf der Masse im Arbeitsbehälter erreicht man allerdings nur, wenn ein sog. Kugelpolierteller verwendet wird, d. h. einen Teller, der mit Rippen versehen ist. Auf einem glatten Teller, wie er für Standardbearbeitungen eingesetzt wird, würde die Masse durchrutschen.

Bemerkenswert ist die kurze Zeit von ein bis zwei Stunden, in der in einer Fliehkraftmaschine eine Politur erzeugt werden kann.

Sind tiefe Riefen zu entfernen, kann es interessant sein, „zweistufig" zu fahren, nämlich zuerst ca. eine Stunde mit einer kräftig schleifenden Paste vorzuschleifen und anschließend mit einer echten Polierpaste den Glanz zu erzeugen.

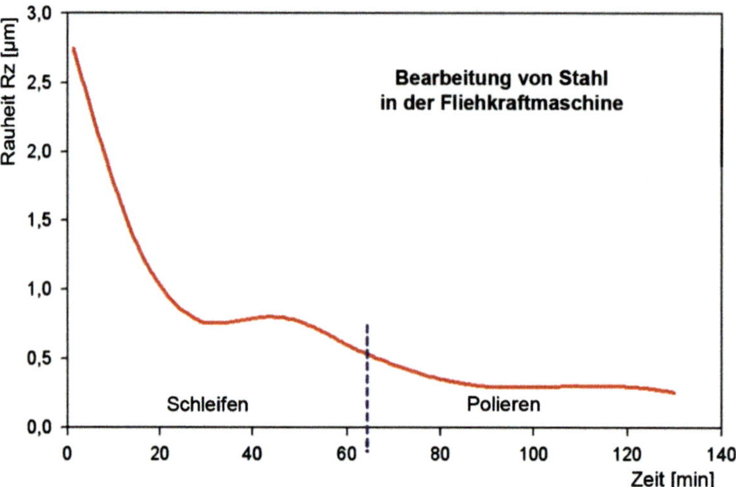

Abb. 7.11 Polieren in der Fliehkraftmaschine

In Abb. 7.11 ist der zeitliche Verlauf Oberflächengüte zu sehen.

Die in Abb. 7.11 dargestellte gestrichelte senkrechte Linie stellt den Zeitpunkt dar, an dem der erste Arbeitsschritt abgebrochen werden kann und nach Ausspülen der Paste das zweite Polieren beginnen sollte.

Neben der Zeitersparnis kann man in Fliehkraftmaschinen bessere Politurergebnisse erzielen als in Vibratoren, da hier die Polierkörper auf den Werkstückoberflächen gleiten und nicht „hüpfen".

7.7.4 Polieren in der Schleppschleifanlage

In Schleppschleifanlagen wird nicht mit Paste oder Pulver poliert, da sich Nester unverbrauchter Paste bilden können, die zunächst in Ecken liegen bleiben und später aufgerührt werden. Das darin enthaltene Schleifkorn kann die Oberfläche zerkratzen. Der Poliervorgang läuft deshalb anders ab:

Zunächst wird mit Feinschleifkörpern eine sehr feine Oberfläche erzeugt und dann in einem Polierkörperbett mit normaler Wasser- und Compound-Zugabe der Glanz erzeugt.

Die erreichbare Politur ist nicht so brillant, wie in den anderen Maschinen, da durch die hohe Geschwindigkeit der Werkstücke Mikrokratzer entstehen.

Die hochwertigsten Polituren erreicht man in Schleppschleifmaschinen nach dem Trockenpolierverfahren.

7.8 Kugelpolieren

Das Kugelpolieren ist ein recht preiswertes Verfahren, um dekorativen Glanz auf Stahl, Buntmetall, Edelstahl und Leichtmetall zu erzeugen.

Polieren mit Stahlkugeln (Kugelpolieren) erzeugt auch stark glänzende, aber keine spiegelnden Oberflächen. Der Druck des Poliermediums bildet feine Dellen aus, die als Orangenhaut bezeichnet werden. Diese Oberflächenqualität reicht jedoch für viele Haushaltsgeräte aus, um dem Kunden das Gefühl einer hochwertigen Oberfläche zu geben.

Kugelpoliert wird in Vibratoren oder in Fliehkraftmaschinen.

In Fliehkraftmaschinen ist ein Kugelpolierteller einzusetzen, der kreuzförmige Mitnehmer besitzt. Ohne diesen würden die Stahlkörper durchrutschen.

Die beim Kugelpolieren erreichte Oberfläche zeigt allerdings keinen Spiegelglanz, sondern der Untergrund zeigt die für das Gleitschleifen charakteristische „Orangenhaut".

Das Kugelpolieren ähnelt dem Entgrat-Verfahren nur dass anstelle der Schleifkörper Stahlkugeln, Stahlstifte oder „Satelliten" mit glatter Oberfläche eingesetzt werden.

Dabei erfolgt kein Schleifen der Fläche, sondern eher ein Zuhämmern der Unebenheiten (deswegen wird das Kugelpolieren auch Druckpolieren genannt). Grate werden nicht entfernt, sondern umgelegt.

An die Oberflächengüte der Rohteile werden für das Kugelpolieren keine großen Anforderungen gestellt. Je nach Werkstückmaterial ist ein Ra-Wert von 0,2 bis 0,5 µm völlig ausreichend.

> Infolge des hohen Gewichtes einer Kugelfüllung sind die Maschinen besonders auszurüsten (stärkere Federn für den Arbeitsbehälter).
>
> Kugelpoliermaschinen (Vibratoren) laufen meist mit höherer Drehzahl (ca. 3000 U/min) und kleiner Schwingweite.

Als Compounds werden spezielle Kugelpolier-Compounds gewählt, die oft leicht sauer eingestellt sind, um möglichst helle Oberflächen zu erzeugen.

> Kugelpoliermischungen müssen sehr sauber sein. Deshalb muss die Kugelfüllung nach längerem Stillstand erst gereinigt werden. Bewährt hat sich zuerst ein Lauf mit Soda und nach Ausspülen ein Lauf mit einem sauren Compound (ohne Werkstücke).

Die Meinungen darüber, wie ein gutes Kugelpolierergebnis erreicht werden kann, gehen weit auseinander.

So werden Schaummenge, Temperatur, Maschinenausführung und -Einstellung sowie das zu verwendende Compound leidenschaftlich diskutiert.

Jemandem, der ernsthaft ins Kugelpoliergeschäft einzusteigen gedenkt, sei empfohlen
sich eine entsprechende Selbsthilfegruppe zu suchen (Es gibt sie!).

Kugelpolieren kann man in allen Maschinentypen mit Ausnahme der Schleppschleifanlagen. Bevorzugt werden Trogvibratoren.

7.9　Keramik polieren

Während für das Polieren von Metalloberflächen umfangreiche Entwicklung getrieben
wurde, führten die Arbeiten zur Erzielung glatterer Keramikoberflächen eher ein Schat-
tendasein.

Bei der Entwicklung von Polierverfahren für keramische Werkstoffe wurde die Verfahrensweise für das Polieren von Metalloberflächen im Prinzip übernommen.

Da der Abtrag der Polierpulver auf Keramik geringer als auf Metalloberflächen ist,
muss über einen längeren Zeitraum und nacheinander mit zwei verschiedenen Mitteln gearbeitet werden. So muss zuerst ca. 20 h mit einem schleifenden Pulver und danach die
doppelte Zeit mit einem speziell für die Anwendung auf Keramikoberflächen entwickel-
tem Pulver gearbeitet werden.

Die erreichbare Oberflächengüte jedoch bedeutet einen großen Fortschritt in der Erzielung glatter Keramikoberflächen. Sie eröffnet eine Reihe neuer Anwendungsmöglichkei-
ten, für

- Fadenführende Teile für die Textilindustrie
- Keramikbeschichtungen auf Metall
- Implantate
- Bauteile für die Optoelektronik
- Spiegel.

Dadurch steigt das Interesse am Einsatz keramischer Werkstoffe, da sie wegen ihrer
gegenüber Metallen höheren Abriebfestigkeit höhere Standzeiten erwarten lassen.

7.10　Trockenpolieren

Durch Trockenpolieren lassen sich sehr schöne hochglänzende Oberflächen erzeugen.

Bei diesem Verfahren wird (wie schon der Name sagt) in einer trockenen Schüttung
aus Maiskolbenschrot oder ähnlichen Holzprodukten gearbeitet.

Das Granulat ist mit feiner Polierpaste imprägniert und muss, wenn die Wirkung nachlässt, mit Paste „nachgeschärft" werden.

Fühlt sich die Schüttung zu trocken an, muss Verdünnungsmittel nachgegeben werden. Trockenpoliert wird in Glocken, Vibratoren und Schleppschleifanlagen.

In Letzteren sind wegen des hohen Anpressdrucks die Bearbeitungszeiten gegenüber Vibratoren mit ca. 24 h sehr kurz (bis 1 h).

Ein weiterer Vorteil des Trockenpolierens in Schleppschleifanlagen ist, dass sich die Werkstücke während der Bearbeitung nicht berühren können.

> Die Granulate, haben Abmessungen von 0,3 bis 5 mm, wobei die Körnung umso kleiner gewählt wird, je weicher das Werkstückmaterial ist.

7.11 Chemisch beschleunigtes Glätten

Beim standardmäßigen Gleitschleifen wird nur wenig an Material abgetragen.

So drängt sich die Frage auf, ob man nicht die Abtragrate durch Zugabe von aggressiven Chemikalien beschleunigen kann?

Im Prinzip ja!

Der Abtrag auf der Fläche steigt durch Zugabe aggressiver Chemikalien tatsächlich stark an. Jedoch werden „Berge" und „Täler" der Oberfläche nahezu gleich stark angegriffen, so dass zwar viel Material verschwindet, aber eine Einebnung der Oberfläche findet nicht statt.

Will man also das Glätten der Werkstückoberfläche chemisch beschleunigen, muss man dafür sorgen, dass nur die „Berge" abgetragen werden, d. h. kaum ein Angriff in den „Tälern" stattfindet.

Das geht tatsächlich!

Als Beizmittel wählt man eine Substanz, die eine dünne Oberflächenschicht des Metalls in eine unlösliche nicht sehr festhaftende Metallverbindung umwandelt.

Diese Verbindung hat zwei Eigenschaften:

- Wo sie die Metalloberfläche bedeckt, verringert sie weiteren chemischen Angriff.
- Die gebildete Schicht ist so weich, dass sie von Polierkörpern abgerieben wird.

Was passiert nun?

Der Vorgang des chemisch beschleunigten Glättens ist in Abb. 7.12 skizziert.

Überall dort, wo die Polierkörper die Oberfläche berühren, also auf den „Bergen", wird die Reaktionsschicht abgerieben. Durch das Beizmittel wird die entstandene freie Fläche sofort angegriffen und eine neue Reaktionsschicht gebildet.

Die Schicht in den „Tälern" bleibt dagegen unangetastet. Auf diese Weise werden nur die erhabenen Teile der Oberfläche abgetragen, d. h. die Fläche wird eingeebnet. Führt

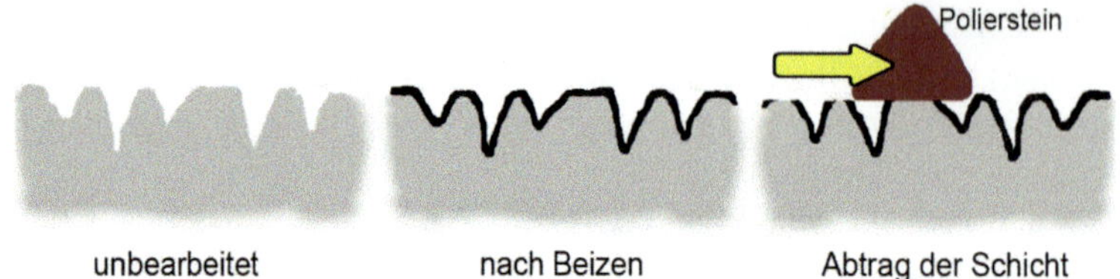

Abb. 7.12 Prinzip des chemisch beschleunigten Gleitschleifens

man den Prozess mit Polierkörpern auf gehärtetem Stahl durch, so kann man Oberflächengüten erhalten, die mit dem Pasten-Polieren nicht zu erreichen sind.

Das Verfahren wird daher vorwiegend zum Polieren von gehärtetem und legiertem Stahl (auch rostfrei) eingesetzt.

Eine ausführliche Beschreibung des Verfahrens findet sich bei H. Prüller [13].

Die Fa. REM [14] bietet das chemisch beschleunigte Gleitschleifen mit Beizflüssigkeiten an, die auf Oxalsäure [15] basieren. Nur diese Mittel sind (zusammen mit arbeitshygienisch bedenklichen Aktivatoren) in der Lage, hochlegierte Stähle zu bearbeiten.

Eine andere Beizflüssigkeit auf der Basis von Zitronensäure ist weit weniger bedenklich, dafür aber nur auf nickelfreien Stählen bis zu einem Gehalt von 7 % Chrom wirksam.

Das Verfahren mit Zitronensäure wird bei einem pH-Wert von 5–6 betrieben und schließt deswegen eine Wasserstoffversprödung der Werkstücke aus. Allerdings kann bei korrosionsempfindlichen Werkstoffmaterialien (Werkzeugstahl) und langen Laufzeiten Lochfraß auftreten. Das ist umso unangenehmer, da die Löcher schneller in die Tiefe wachsen, als die Oberfläche abgetragen wird.

Die Abtraggeschwindigkeit auf gehärtetem Stahl ist 3 bis 5-mal so hoch, wie bei rein mechanischem Abtrag. Auf weichem Eisen lohnt die chemische Beschleunigung nicht.

Verschiedentlich wird das chemisch beschleunigte Gleitschleifen auch „chemisch beschleunigtes Entgraten" genannt. Diese Bezeichnung ist jedoch irreführend, da dieses Verfahren die Flächen abträgt und Werkstückgrate und Kanten nur so, wie es die verwendeten Schleifkörper ohne Beizzusatz tun würden.

7.12 Beizen

Werkstücke werden gebeizt, um Rost, Zunder und Anlauffarben zu entfernen und eine helle Oberfläche zu erzeugen.

Als kräftiges Beizmittel wird fast immer Schwefelsäure (oder eine ihrer Verbindungen) eingesetzt, die mit Inhibitoren versetzt ist, um möglichst wenig Angriff auf das nicht oxidierte Metall zuzulassen.

Wichtig ist, dass die Werkstücke vor dem Beizen gut entfettet sind, andernfalls greift die Säure nicht richtig an.

Nach dem Beizvorgang erfolgt immer eine Neutralisation der Säure durch intensives Spülen. Nach der Neutralisation wird mit einem neutralen Compound passiviert.

Salzsäure als Beizmittel ist weniger geeignet, da sie korrosive Dämpfe abgibt.

Besonders auf Buntmetallen schafft nur ein gutes fleckenfreies Beizergebnis die Basis für einen Anlaufschutz.

Muss kräftig gebeizt werden (wie bei der Herstellung von Münzrohlingen), so ist es besonders in Fliehkraftmaschinen sinnvoll, mit hohem Wasserstand zu beizen. Auch ist es effektiver, zweimal kurz mit frischer Beizlösung zu arbeiten, als mit nur einer Lösung über längere Zeit.

Ein besonders elegantes Verfahren zum Beizen und anschließendem Polieren von Buntmetall läuft wie folgt ab:

Zunächst wird die Maschine, die mit Polierkörpern gefüllt ist, mit Wasser und einem säurebeständigen Compound gestartet.

Nach Eingabe der Werkstücke wird Beizpulver eingestreut. Dadurch beginnt der Beizvorgang.

Da Wasser und Compound kontinuierlich weiter dosiert werden, nimmt die Säurestärke allmählich ab, bis das Prozesswasser leicht alkalisch wird, und es beginnt ohne äußeres Zutun der Passivier- und Poliervorgang.

Das heißt, nach Zugabe des Beizpulvers kann die Maschine bis zum Ende der Bearbeitung sich selbst überlassen werden. Das separate Spülen entfällt!

7.13 Trocknen

Das Trocknen der bearbeiteten Werkstücke schließt an viele Gleitschleifverfahren an. Für Stahlteile (außer VA) ist es unabdingbar.

Trockner verbrauchen viel Energie, da das anhaftende Wasser verdampft werden muss. Der Energieverbrauch lässt sich etwas verringern, wenn Wasserreste auf den Werkstücken vor Eintritt in den Trockner mit Luft abgeblasen werden (Gebläse, Luftklinge).

Die Maschinen zum Trocknen sind unter Abschn. 3.6 beschrieben. Daher hier nur noch einige verfahrenstechnische Anmerkungen.

7.13.1 Trocknen in der Trommel

Diese Trockner, die heute nicht mehr installiert werden, wurden für kleine empfindliche Werkstücke (wie Münzen) konzipiert.

Durch die Berührung mit Granulat werden die Werkstückoberflächen leicht poliert und Wasserflecke vermieden. Die Behandlung der Werkstücke ist recht schonend.

7.13.2   Trocknen im Vibrator

Vibrationstrockner sind mit Granulat gefüllt.

Daher bewirkt das Trockenmedium neben dem Trocknungseffekt auch ein leichtes Nachpolieren der Werkstücke und vermeidet Wasserflecken.

Vibrationstrockner arbeiten im Allgemeinen im Chargenbetrieb.

Ist keine große Trockenleistung nötig, so können Vibrationstrockner auch im Durchlaufbetrieb eingesetzt werden, indem die Werkstücke unter dem Sieb eingegeben werden und den Trockner nach einer Runde über das Sieb wieder verlassen.

Vibrationstrockner werden hauptsächlich zum Trocknen von kleinen bis mittelgroßen Werkstücken einfacher Geometrie eingesetzt. Die Teile sollten keine kleinen Öffnungen oder Bohrungen haben, in denen sich das Granulat festsetzen kann.

Ist eine Verunreinigung durch Granulat-Körnchen oder Staub nicht akzeptabel, so kann Trockenmittel aus Kunststoff eingesetzt werden. Dies hat allerdings eine weit geringere Trockenwirkung.

7.13.3   Trocknen im Bandtrockner

Heißluft-Bandtrockner werden hauptsächlich zum Trocknen von Werkstücken mit komplizierter Geometrie (mit Öffnungen, z. B. Sacklöchern, Gewinden) verwendet, in denen sich Trocknungsmittel verklemmen könnte.

Da die Werkstücke während des Trocknens ruhig auf dem Band liegen, ist der Trockenvorgang sehr schonend.

Wasserreste und Schmutz trocknen auf den Werkstücken auf und können Flecken hinterlassen. Deswegen müssen Werkstücke, die im Kreislauf-Verfahren bearbeitet wurden, vor dem Trocknen gut gespült werden.

7.14   Korrosionsschutz

Das Gleitschleifen findet in wässriger Umgebung statt. Stahlteile, die nicht mit Nickel und Chrom hoch legiert sind (wie VA) müssen daher vor dem Anrosten geschützt werden.

Während des Gleitschleifprozesses rosten die Stahlteile nicht, da einmal sich eventuell bildender Rost immer wieder von den Schleifkörpern abgetragen wird und zum anderen die Gleitschleif-Compounds Rostschutzkomponenten enthalten.

Bei den meisten Stahlsorten ist das anschließende Trocknen ausreichend, um einen temporären Schutz zu erreichen. Die Teile sind dann, je nach Werkstoff, Luftfeuchte und

Temperatur für einige Zeit vor Flugrost sicher. Alternativ kann durch Benetzen mit Dewatering Fluids ein Korrosionsschutz aufgebracht werden.

Bei langdauernden Bearbeitungen (z. B. Polieren) kann es vorkommen, dass auch bei hochlegierten Stählen feine Lunker durch eintretende Lochkorrosion während des Gleitschleifens wachsen. Dies lässt sich weitgehend durch kathodischen Korrosionsschutz verhindern.

7.14.1 Dewatering

Soll der Trockenprozess (z. B. aus Kostengründen) eingespart werden, so hilft das Benetzen der feuchten Oberfläche mit sogenannten Dewatering Fluids.

Diese Flüssigkeiten sind auf Mineralölbasis aufgebaut. Sowohl reines Mineralöl als auch mit Zusätzen versehene Öle werden verwendet.

Das Wirkungsprinzip der Dewaterings beruht darauf, dass sie das oberflächlich anhaftende Wasser verdrängen und die Metalloberfläche mit einem dünnen Film überziehen. Dieser Film stört bei einem späteren Schweißen nicht.

Gebräuchlichen Sorten der Dewatering Fluids sind:

- reines Mineralöl
- Mineralöl mit Vaseline
- Mineralöl mit Paraffin.

Reines Mineralöl hinterlässt einen sehr dünnen Ölfilm, der je nach Flammpunkt des Öls schneller oder langsamer verdunstet. Die so behandelten Werkstücke sollten daher nicht im Außenbereich gelagert werden.

Dewaterings mit Vaseline oder Paraffin als Zusatz hinterlassen Schichten, die das Material widerstandsfähiger gegen Korrosion machen und sogar das Lagern für kurze Zeit im Außenbereich erlauben.

Das Benetzen der Oberfläche mit Dewatering kann durch Aufstreichen, Besprühen oder Tauchen erfolgen. Während das Sprühen am leichtesten automatisiert werden kann, ist man beim Tauchen sicherer, dass auch schwer zugängliche Bereiche der Oberfläche erreicht werden.

Die häufigste Methode ist das Tauchen. Meist reicht ein kurzes Eintauchen. In schwierigen Fällen (enge Nuten, Sacklöcher) ist eine Tauchzeit von 1–2 Minuten zu empfehlen.

7.14.2 Kathodischer Schutz

In wässriger Umgebung ist es das Bestreben der Eisenatome, als Ionen in Lösung zu gehen. Dies resultiert aus der Stellung des Eisens in der Spannungsreihe der Metalle.

Abb. 7.13 Prinzip des kathodischen Korrosionsschutzes

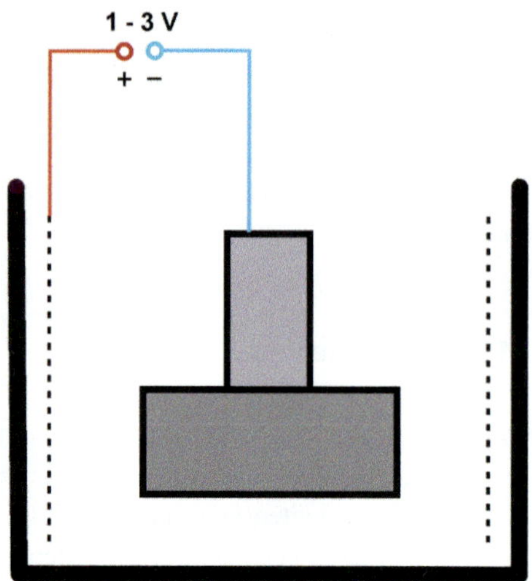

Will man deren Auflösung, also Korrosion verhindern, so muss man ihr elektrochemisches Potential „manipulieren". Das geschieht dadurch, dass man das Werkstück gegenüber der umgebenden wässrigen Phase negativ auflädt.

Abb. 7.13 zeigt ein Prinzipschaltbild einer entsprechenden Einrichtung.

In einem Topf-Vibrator z. B. wird ein Metallgitter an der Innenwand des Behälters befestigt und mit dem positiven Pol der Spannungsquelle verbunden, das aufgespannte Werkstück mit dem Minuspol. Es sind Spannungen von wenigen Volt erforderlich und es fließen Ströme von einigen mA.

7.15 Vorversuche

Selbstverständlich muss vor der Festlegung der Bearbeitungsparameter für eine Produktion überlegt werden, wo und wie die Maschine aufgestellt wird. Sie muss zugänglich sein, man sollte möglichst nicht über Schläuche stolpern, und es ist sinnvoll, wenn sich die Wege der Werkstücke zur und von der Maschine nicht kreuzen.

Genauso wichtig ist es, vor Aufnahme der Produktion eine Reihe von Versuchsbearbeitungen mit unterschiedlichen Einstellungen zu fahren, und die erhaltenen Ergebnisse genauestens zu prüfen.

Nun heißt es bei den Vorversuchen oft: So gut wie möglich und, nachdem die Produktion angelaufen ist, so billig wie möglich! Ein dauerndes Dilemma.

Um ihre Kunden bei den Vorversuchen bestens betreuen zu können, haben die bekannten Hersteller Abteilungen eingerichtet, in denen die Versuchsbearbeitungen, auch mit voller Charge, so wirklichkeitsnah wie möglich durchgeführt werden können. Das geschulte Personal ist dabei in der Lage, schon aufgrund von Beobachtungen die Bearbeitungsparameter weitgehend zu optimieren.

Die Parameter der Bearbeitungen werden protokolliert und Ausfallmuster zurückgelegt.

Ein solcher Versuchsbericht sollte neben den vollständigen Kundendaten folgendes beinhalten:

- genaue Werkstückbezeichnung (Werkstoff, Abmessung, Bearbeitungsziel)
- Bearbeitungsdaten (Datum, Art der Bearbeitung, Werkstückmenge)
- Typ und Größe (Nutzvolumen) der Maschine
- Unwucht-Einstellung, Drehzahl
- Typ und Menge der Schleifkörperfüllung
- Wasserdurchsatz (hoher Wasserstand?)
- Art und Menge der eingesetzten Compounds
- Entnahme von Zwischenmustern?
- Maschenweite des Separier-Siebes
- Art der Trocknung.

Mit dieser Art der Protokollierung und den aufbewahrten Musterteilen (vor und nach der Bearbeitung) kann die Versuchsbearbeitung jederzeit nachvollzogen werden.

Verfahrenskosten

8

Die Kosten für eine Gleitschleifbearbeitung setzen sich aus Kosten für Betriebsmittel und Personal zusammen. Hier sollen nur die Betriebsmittelkosten berücksichtigt werden.

Die für Gleitschleifbearbeitungen benötigten Mengen an Verfahrensmitteln zu bestimmen und daraus die Verbrauchskosten, ist wegen der Vielfalt der Maschinen, Verfahren und Verfahrensmittel eine zeitraubende Angelegenheit.

Um die Wirtschaftlichkeit einer Bearbeitung jedoch grob abschätzen zu können, lassen sich für Standardverfahren (Entgraten, Glätten, Reinigen) in Standardmaschinen (Vibrator, Fliehkraftmaschine) einige Annahmen machen, die diese Abschätzung erlauben.

Die Verbrauchsmengen werden nachfolgend jeweils für eine Charge angegeben.

Die Kosten für Wasser und Energie werden dabei unterschlagen, da sie geringer sind als die Ungenauigkeit bei der Abschätzung.

8.1 Schleifkörperverbrauch

Der Schleifkörperverbrauch wird bestimmt durch die Größe und Art der Maschine, die Schleifkörpersorte und die Bearbeitungszeit zuzüglich der Befüll- und Entleerungszeit (während dieser Zeit läuft die Maschine ja auch).

Der Schleifkörperverbrauch in kg pro Charge kann nach den folgenden Formeln abgeschätzt werden. dabei ist für das Schüttgewicht der Keramik-Schleifkörper 1,2 g/cm^3 und für Kunststoff-Schleifkörper 0,7 g/cm^3 eingesetzt.

Beispiel

Keramik-Schleifkörper:

$$VS = \frac{1{,}3 \times V \times A \times (BZ + NZ)}{6000}$$

© Springer Fachmedien Wiesbaden GmbH, ein Teil von Springer Nature 2018
H. Prüller, *Praxiswissen Gleitschleifen*, https://doi.org/10.1007/978-3-658-20927-8_8

Kunststoff-Schleifkörper:

$$VS = \frac{0,95 \times V \times A \times (BZ + NZ)}{6000}$$

Die Variablen bedeuten:

VS [kg]   Schleifkörperverbrauch pro Charge
V [l]   Nutzvolumen der Maschine
A [%/h]   stündlicher Abrieb der Schleifkörper
BZ [min]   reine Bearbeitungszeit
NZ [min]   Nebenzeiten (Laden + Entladen)

Zur Bedeutung der Variablen ist Folgendes zu ergänzen:

Nutzvolumen (V):   Das Nutzvolumen ist eine Herstellerangabe. Für die Berechnung ist das Volumen der Werkstücke vernachlässigt. Deshalb liegt das Ergebnis auf der sicheren Seite für Kalkulationen.
Verschleiß (A):   Falls keine Herstellerangaben vorliegen, gibt die Tab. 8.1 Anhaltspunkte.

Tab. 8.1 Schleifkörperverbrauch verschiedener Schleifkörpertypen

Schleifköper	Keramik		Kunststoff	
Schleifleistung	Vibrator	Fliehkraft	Vibrator	Fliehkraft
Polierend	0,02	0,1	–	–
Schwach	0,15	2	0,3	3
Mittel	0,3	4	0,7	8
Stark	0,6	8	1,3	15

Beispiel

Das Nutzvolumen eines Vibrators ist 300 l.
Der stündliche Abrieb für Keramik ist 0,3 %/h und für Plast-Schleifkörper 0,7 %/h.
Die Bearbeitungszeit beträgt 45 min.
Für die Nebenzeiten werden 10 min eingesetzt.

Keramik	Kunststoff

$$VS = \frac{1,3 \times 300 \times 0,3 \times (45 + 10)}{6000} \qquad VS = \frac{0,95 \times 300 \times 0,7 \times (45 + 10)}{6000}$$
$$= 1,07 \qquad\qquad\qquad = 1,83$$

Die Formeln ergeben für Keramik-Schleifkörper einen Verbrauch von ca. 1,1 kg/Charge und für Kunststoff-Schleifkörper einen Verbrauch von etwa 1,8 kg.

8.2 Compoundverbrauch

Die Konzentration an Compound im Prozesswasser beträgt in der Verlusttechnik bei Standardbearbeitungen im Allgemeinen 0,5 %, in der Kreislauffahrweise max. 2 %.

Falls nicht anders bekannt, können für den Wasserdurchsatz die Werte eingesetzt werden, die folgende Tab. 8.2 in l/h angibt. Sie hängen noch etwas vom Maschinentyp, der Maschinengröße (Nutzvolumen) und der Bearbeitungsaufgabe ab.

Die Standzeit eines Prozesswasser-Ansatzes wurde auf 500 Betriebsstunden gesetzt.

Verlusttechnik

Die Variablen in den folgenden Formeln bedeuten:

VC [g]   Compoundverbrauch pro Charge
WD [l/h]   Wasserdurchsatz
CV [g/l]   Compoundkonzentration
BZ [min]   reine Bearbeitungszeit
NZ [min]   Nebenzeiten (Laden + Entladen)

$$VC = \frac{CV \times WD \times (BZ + NZ)}{60}$$

Beispiel

Das Nutzvolumen eines Vibrators ist 500 l.

Wasserdurchsatz: 100 l/h

Compoundkonzentration: 5 g/l

Die Bearbeitungszeit beträgt 75 min.
Für die Nebenzeiten werden 15 min eingesetzt

$$VC = \frac{5 \times 100 \times (75 + 15)}{60} = 750$$

In der Verlusttechnik werden 750 g Compound für jede Charge benötigt.

Tab. 8.2 Wasserverbrauch von Vibratoren und Fliehkraftmaschinen

Nutzvolumen [l]	Vibrator [l/h]	Fliehkraft [l/h]
50	10	90
100	20	180
200	40	360
500	100	900
1000	200	–
1500	300	–
1800	360	–

Kreislauffahrweise

CH	Anzahl der Chargen mit einem Ansatz
VC [g]	Compoundverbrauch pro Charge
WK [l]	gesamte Wassermenge im Kreislauf
CK [g/l]	Compoundkonzentration
ST [Tage]	Standzeit des Kreislaufs
B[h]	tägliche Betriebszeit
BZ [min]	reine Bearbeitungszeit der Werkstücke
NZ [min]	Nebenzeiten (Laden + Entladen)

Chargenzahl:

$$CH = \frac{B \times ST \times 60}{BZ + NZ}$$

Compoundverbrauch:

$$VC = \frac{CK \times WK}{CH}$$

Beispiel

Das Nutzvolumen eines Vibrators ist 500 l.

Kreislauf-Wasservolumen: 300 l

Compoundkonzentration: 20 g/l

Die Bearbeitungszeit beträgt 75 min.
Für die Nebenzeiten werden 15 min eingesetzt.
Die tägliche Betriebszeit ist 8 h.
Der Kreislauf wird alle 15 Arbeitstage neu angesetzt.

$$\text{Chargenzahl} \qquad \text{Compoundverbrauch}$$

$$CH = \frac{8 \times 15 \times 60}{75 + 15} = 80 \qquad VC = \frac{20 \times 300}{80} = 75$$

Mit einem Ansatz können 80 Chargen bearbeitet werden.
Es werden 75 g Compound für jede Charge benötigt.

8.3   Betriebsmittelkosten

Aus der Summe der Verbrauchsmengen an Schleifkörpern und Compound sowie deren Kilopreis kann abgeschätzt werden, was die Verfahrensmittel für eine Charge kosten.

Die Kilopreise für Schleifkörper und Compound erhält man vom Produzenten.

Für eine erste Überschlagsrechnung kann man grob folgende Werte einsetzen:

Keramik-Schleifkörper   3,20 €/kg
Kunststoff-Schleifkörper   4,30 €/kg
Standard-Compound   3,50 €/kg

(Stand 2017).

8.4   Stückkosten

Die Stückkosten ergeben sich natürlich aus der Menge an Werkstücken, die in die Maschine gefüllt werden und der Summe der Verbrauchskosten. Sind die Werkstücke abgezählt, lassen sich die Stückkosten leicht ermitteln. Bei Schüttgut werden die Kosten über das Volumen der Werkstücke pro Charge berechnet und dann in Kosten pro Liter Teile angegeben.

Das Werkstück-Volumen ist das Volumen, welches die Werkstücke einnehmen, wenn sie als Schüttgut in ein Gefäß gefüllt werden. Die Faustregel für das Verhältnis Schleifkörpervolumen zu Teilevolumen lautet für:

- unempfindliche Teile 1 : 3 (25 % des Füllvolumens sind Werkstücke)
- empfindliche Teile 1 : 5 (17 % des Füllvolumens sind Werkstücke)
- sehr empfindliche Teile 1 : 10 (9 % des Füllvolumens sind Werkstücke)

Als Füllvolumen ist 80 % des Nutzvolumens (Herstellerangabe) einzusetzen.

So bedeutet: „ein Eimer voll" ca. 10 l, ein „Heson" Kasten etwa 150 l.

Diese Werte erscheinen zu niedrig, aber erfahrungsgemäß sind die Gefäße nie ganz voll!

Zunächst sind die Verbräuche an Schleifkörpern und Compound mithilfe der unter 8.1 und 8.2 angegebenen Formeln zu ermitteln. Sie sind in die folgende Formel einzusetzen.

Bekannte Werkstückzahl:

$$KS = \frac{VS \times S + VC \times C}{T}$$

Schüttgut:

$$KL = \frac{VS \times S + VC \times C}{M}$$

Die Variablen bedeuten:

M [l]	Werkstückvolumen pro Charge
T	Anzahl der Teile pro Charge
VS [kg/Charge]	Schleifkörperverbrauch
VC [l/Charge]	Compoundverbrauch/Charge
S [€/kg]	Schleifkörperkosten
C [€/kg]	Kosten für Compound
KS [€]	Verbrauchskosten pro Werkstück
KL [€]	Verbrauchskosten pro Liter Werkstücke

Beispiel

Teile pro Charge: 50

oder Teilevolumen: 60 l

Schleifkörperverbrauch: 1,1 kg/Charge (Kunststoff-Schleifkörper)

Schleifkörperpreis: € 4,30/kg

Compoundverbrauch: 750 g (Charge

Compoundpreis: € 3,50/l

Kosten pro Werkstück   Kosten pro l Werkstücke

$$KS = \frac{VS \times S + VC \times C}{T} \quad = \quad KL = \frac{VS \times S + VC \times C}{M}$$

Damit ergeben sich Verbrauchsosten pro Werkstück von 0,15 € bzw. Verbrauchskosten pro Liter Werkstücke von 0,12 €.

Abwasserbehandlung 9

Gleitschleifanlagen erzeugen Abwasser. Dieses enthält neben Tensiden äußerst fein verteilte Schwebstoffe. Sie bestehen hauptsächlich aus Schleifkörpermaterial und zum geringeren Teil aus dem Abrieb der Werkstücke.

Bei bestimmten Bearbeitungen liegt außerdem der pH-Wert nicht in dem für eine Einleitung in die Kanalisation zulässigen Bereich. In seltenen Fällen enthalten die Abwässer Komplexbildner.

Gleitschleifabwasser darf deswegen nicht unbehandelt abgeleitet werden.

9.1 Gesetzliche Auflagen

In der Verlusttechnik muss alles aus der Maschine ablaufende Wasser chemisch behandelt werden, ehe es in die Kanalisation eingeleitet werden darf.

Das dem Stand der Technik entsprechende Verfahren zur Abwasserbehandlung vor der Einleitung ist die Flockung.

Läuft das Prozesswasser im Kreis (Kreislauftechnik), so reicht meist eine mechanische Reinigung, etwa unter Einsatz einer Zentrifuge, um es weiter verwenden zu können. Allerdings muss die Prozesswassermenge, wenn sie erschöpft ist und ausgewechselt wird, im eigenen Unternehmen chemisch behandelt oder extern entsorgt werden.

Nicht nur der Bau und der Betrieb einer Anlage zur Abwasservorbehandlung muss durch die untere Wasserbehörde genehmigt werden, sondern auch wesentliche Veränderungen an einer bestehenden Anlage.

Dabei muss jedes Gleitschleifabwasser, das in die Kanalisation eingeleitet werden soll (Indirekteinleitung), den Anforderungen genügen, die in Anhang 40, Spalte 1.1.11 der Schmutzwasserverordnung [16] festgelegt sind.

Eine Beschreibung und Beurteilung der bekannten Verfahren zur Behandlung des Gleitschleifabwassers ist im ATV-Merkblatt ATV-M 765 [17] zu finden.

© Springer Fachmedien Wiesbaden GmbH, ein Teil von Springer Nature 2018   135
H. Prüller, *Praxiswissen Gleitschleifen*, https://doi.org/10.1007/978-3-658-20927-8_9

Die externe Entsorgung hat den Vorteil, dass sich der Betreiber der Gleitschleifanlagen keine Gedanken um die Einhaltung der Grenzwerte zu machen braucht, da er nichts einleitet.

9.2 Schadstoffe im Abwasser

Eine Zusammensetzung von Gleitschleif-Abwasser, wie sie in der Verlusttechnik typisch ist, und als Vergleichswerte die gesetzlich festgelegten Maximalgehalte sind aus Tab. 9.1 zu ersehen.

Neben dem Gehalt an absetzbaren Stoffen (Abrieb) und dem CSB-Wert (chemischer Sauerstoffbedarf für den Abbau der Tenside) sind in der Tabelle der pH-Wert und eine Reihe von Metallgehalten aufgeführt. Die Metallgehalte liegen teils in fester Form vor, teils in gelöster.

Die angegebenen Metall-Werte sind selbstverständlich nur relevant, falls die Werkstückmaterialien aus diesen Metallen bestehen. Der Gehalt an Mineralöl hängt stark von der Befettung der bearbeiteten Teile ab.

Läuft das Gleitschleif-Abwasser über ein Absetzbecken, das eine Verweilzeit von ca. fünf Stunden zulässt, so ändern sich die Konzentrationen der das Abwasser belastenden Stoffe, wie in der 4. Spalte der Tab. 9.1 zu sehen ist.

Vergrößert man die sedimentierende Kraft (Einsatz einer Zentrifuge), so wird der Restgehalt an absetzbaren Stoffen weiter gesenkt, das Wasser bleibt jedoch trübe und der Gehalt an gelösten Schadstoffen unverändert.

Wenn auch der Anhang 40 der Schmutzwasserverordnung vor gravierenden Änderungen steht (wobei die zulässigen Höchstwerte sicher nicht heraufgesetzt werden), stimmt

Tab. 9.1 Schadstoffgehalte im Abwasser

Schadstoff	Einheit	Auslauf der Maschine	Nach Absetzen	Anforderung SchwV Anhang 40
pH-Wert	–	0–10[a]	0–10[a]	6–9,5
CSB-Wert	mg/l	3000	3000	400
Absetzbare Stoffe	mg/l	10–100	2–50	0,3
Kupfer	mg/l	Bis 5[b]	Bis 0,4[b]	0,5
Zink	mg/l	Bis 35[b]	Bis 5[b]	2
Aluminium	mg/l	Bis 400[b]	Bis 10[b]	3
Eisen	mg/l	Bis 600[b]	Bis 350[b]	3
Mineralöl (KW)	mg/l	5–100	Bis 100	10

[a] 0–5, falls gebeizt wird
[b] Falls diese Metalle bearbeitet werden

ein Vergleich der im Abwasser befindlichen Schadstoffgehalte mit den jetzt geltenden Grenzwerten den Betreiber nicht gerade optimistisch.

Zwar gelten die Grenzwerte für „Direkteinleiter", also Betriebe, die das Abwasser direkt in einen Vorfluter (Teich, Bach, Fluss) einleiten.

Die Kommunen sind jedoch so geschickt, die Grenzwerte auch für „Indirekteinleiter", die das Wasser in die öffentliche Kanalisation einleiten, festzuschreiben.

Das macht auch Sinn, denn die Gehalte an gelösten Metallen werden in Kläranlagen nicht reduziert und sollten daher am Ausgang des Betriebes den Grenzwerten entsprechen.

Sogar für den CSB-Wert macht die Festschreibung Sinn, da die Kommune so für einen erhöhten CSB-Wert einen „Schwerverschmutzer-Zuschlag" kassieren kann.

Der CSB-Wert lässt sich nämlich mit akzeptablem Aufwand nicht unter die geforderten 400 mg/l bringen.

9.3   Reinigung durch Flockung

Die Tenside aus den Compounds lösen während des Gleitschleifprozesses den Abrieb von den Schleifkörper- und Werkstück-Oberflächen und tragen ihn in sehr fein verteilter Form mit dem Wasser aus. Diese Tatsache ist leicht an dem milchigen Aussehen des unbehandelten Abwassers zu erkennen.

Die feinen Abriebteilchen sedimentieren durch ihre Umhüllung mit Tensid-Molekülen sehr schlecht.

Hier liegt auch der Grund, warum eine Filtration von unbehandeltem Gleitschleifabwasser nicht erfolgreich verläuft. Die mit Tensid-Molekülen umhüllten Partikel setzen nämlich das Filtermedium zu und bilden darauf einen undurchlässigen Belag, der die Filtrationsgeschwindigkeit schnell gegen Null gehen lässt.

Um klares Wasser durch Sedimentation oder Filtration zu erzeugen, müssen daher die Tenside unwirksam gemacht und gut absetzbare Flocken ausgebildet werden.

Neben dem eigentlichen Flockungsschritt enthält eine komplette Abwasserbehandlung weitere Verfahrensschritte.

Die folgende Auflistung enthält die gängigen Behandlungsstufen:

- Sammlung des Schmutzwassers
- Abtrennung der Schwebstoffe
- Senkung des CSB-Wertes
- Einstellung des pH-Wertes
- Erniedrigung der Metallgehalte
- Senkung des Mineralölgehaltes
- Eindickung des Schlamms.

Die oben aufgeführten Behandlungsstufen werden im Folgenden diskutiert.

9.3.1   Abtrennung der Schwebstoffe

Durch Zugabe einer Elektrolytlösung wird die Wirkung der Tenside gebrochen und die Feststoffteilchen werden frei. Daneben erzeugt die Elektrolytlösung selbst Flocken, an denen die äußerst feinen Schwebstoffteilchen adsorbiert werden.

Die benötigte Menge an Elektrolytlösung hängt stark vom Tensid- und Ölgehalt ab und liegt zwischen 2 und 5 l/m^3 Abwasser.

Um große Flocken zu bilden, die sich gut absetzen, wird zusätzlich ein Flockungshilfsmittel zugesetzt.

Die Mikroflocken lagern sich zusammen und reißen die restlichen Schwebeteilchen wie Metallhydroxide und Mineralöl-Tröpfchen mit.

Je nach Menge der abzutrennenden Feststoffe werden an Flockungsmittel zwischen 1 und 3 l/m^3 Abwasser zugegeben.

Die Trübe trennt sich in klares, den gesetzlichen Anforderungen entsprechendes Wasser und in Dünnschlamm, der anschließend eingedickt werden muss.

> Für die manuelle Flockung wurden Flockungsmittel in Pulverform entwickelt, die alle nötigen Komponenten in festem Mischungsverhältnis enthalten. Durch ihren Gehalt an festen Adsorptionsmitteln erzeugen sie allerdings mehr Schlamm als die flüssigen Mittel.

9.3.2   Senkung des CSB-Wertes

Der chemische Sauerstoffbedarf des Abwassers (abgekürzt CSB) ist durch den Tensid-Gehalt der Gleitschleif-Behandlungsmitten gegeben.

Die Mindestanforderung der Behörde, die einen Höchstwert von 400 mg/l vorschreibt, ist bei normalem Gleitschleifbetrieb auch nach Vorbehandlung des Wassers nach dem Stand der Technik nicht zu erreichen.

Daher muss in vielen Genehmigungsverfahren für eine Einleitungserlaubnis eine Diskussion über die individuelle Festlegung eines vernünftigen CSB-Grenzwertes geführt werden.

> Bei normaler Compound-Dosierung in Standardverfahren ist ein CSB-Wert von etwa 3000 mg/l zu erwarten. Dieser geht durch Flockung auf ca. 1000 mg/l zurück.

9.3.3   Einstellung des pH-Wertes

Bei Standard-Gleitschleifverfahren liegt der pH-Wert des Abwassers im zulässigen Bereich.

Üblicherweise wird jedoch bei der Flockung mit flüssigen Mitteln der pH-Wert in den sauren Bereich verschoben, so dass anschließend mit Kalkmilch oder Natronlauge neutralisiert werden muss.

Dieser Schritt entfällt bei der Flockung mit Pulver.

Die Neutralisation mit Natronlauge ist „sauberer"; die Verwendung von Kalkmilch billiger und fördert das Absetzen.

9.3.4   Erniedrigung der Metallgehalte

Soweit Schwermetalle elementar oder als Hydroxid vorliegen, werden sie bei Flockung des Wassers adsorptiv mitgerissen.

Gelöste Metalle können nur bei einem für das entsprechende Metall charakteristischen pH-Bereich (6–8,5) ausgefällt und dadurch bis unter den zulässigen Restwert abgeschieden werden.

Für Eisen reicht ein pH-Wert um 7; falls Nickel ausgefällt werden muss, ist ein pH-Wert um 8,5 einzustellen.

Voraussetzung ist dabei, dass das Abwasser keine starken Komplexbildner enthält. Diese können aus den Compounds stammen. Die modernen Compounds sind allerdings ohne solche Komplexbildner konzipiert.

> Bei Anlagen mit Flüssigflockung ist die pH-Kontrolle des abfließenden Wassers von ausschlaggebender Bedeutung für die Abscheidung der Metalle. Die entsprechende pH-Messeinrichtung ist daher turnusmäßig sorgfältig zu überprüfen.

Erscheinen im klaren Abwasser hin und wieder Metallgehalte, die über dem gesetzlich zugelassenen Wert liegen und will man ganz sicher gehen, dass das geflockte klare Wasser keine unzulässigen Schwermetallgehalte mehr enthält, so kann man als zusätzliche Behandlungsstufe einen Ionentauscher nachschalten.

9.3.5   Senkung des Mineralölgehaltes

In den meisten Fällen sind Werkstücke, die gleitgeschliffen werden, entweder mit Stanz- und Ziehölen oder mit Kühl- und Schneidemulsionen behaftet.

Diese Mineralölanteile emulgieren während des Gleitschleifprozesses und werden mit dem Abwasser ausgetragen.

Falls die Werkstücke nicht gerade in Öl schwimmen, werden diese feinstverteilten Öltröpfchen an den sich bildenden Flocken adsorbiert und in den Schlamm eingebaut.

Auf diese Weise lassen sich Restgehalte an Mineralöl erreichen, die sicher unter den geforderten 10 mg/l liegen.

Auch sehr viel Öl lässt sich in der Abwasseranlage ausflocken.

Beim Eindicken des Schlammes in der Filterpresse wird Öl jedoch wieder freigepresst und es erscheinen wie von Geisterhand Öllachen auf der klaren Wasseroberfläche.

9.3.6 Eindicken des Schlamms

Der durch das Absetzen der Flocken entstehende Dünnschlamm enthält nur etwa 5 % an Feststoffen und muss eingedickt werden.

Kleine Mengen können in Filtersäcken eintrocknen, größerer Schlammanfall wird über eine Filterpresse stichfest gemacht (über die Funktion der Filterpresse s. Abschn. 9.3.7.4).

Prinzipiell kann der Dünnschlamm auch über eine Zentrifuge eingedickt werden.

Das hat den Vorteil, dass die Durchsatzleistung der Eindickung im Gegensatz zur Filterpresse zeitlich konstant bleibt.

Allerdings läuft das Wasser aus einer Zentrifuge trübe ab. Dieser Wasseranteil kann nicht in die Kanalisation abgeleitet werden, sondern muss in den Schmutzwasserbehälter zurückgeführt werden.

Der stichfeste Schlamm wird auf einer zugewiesenen Deponie entsorgt oder im Rahmen des Kreislaufwirtschaftsgesetzes an den Lieferanten der Schleifkörper zurückgegeben.

9.3.7 Flockungsanlagen

Die Flockung des Abwassers ist deutlich aufwendiger als dir Reinigung im Kreislauf.

Wie unter Abschn. 7.1.3 beschrieben fallen bei manchen Bearbeitungen Abwässer an, die sich nicht im Kreis fahren lassen. Diese müssen nach dem Durchlauf durch die Gleitschleifmaschine in jedem Fall mittels Flockung gereinigt werden.

Die Flockung des Abwassers lässt sich chargenweise durchführen oder kontinuierlich in sogenannten Durchlaufanlagen.

In Durchlaufanlagen durchströmt das zu behandelnde Abwasser den Reaktor kontinuierlich und es wird dauernd Flockungsmittel zugegeben. Durchlaufanlagen bieten weniger

Sicherheit gegen unvollständiges Flocken und gegen Trübedurchbrüche. Sie erfordern daher mehr Aufmerksamkeit.

Das Flockungsergebnis bei Chargenanlagen ist dagegen gut zu kontrollieren. Erst nach erfolgreicher Prüfung wird das klare Wasser abgelassen.

Allerdings sind Durchlaufanlagen günstiger im Investment.

Durchlaufanlagen werden in Deutschland nicht genehmigt.

Es gibt verschiedene Arten von Chargenanlagen, die vornehmlich durch die Menge des zu behandelnden Abwassers bedingt sind.

Man wird daher für geringe Abwassermengen preiswerte halbautomatische Anlagen mit Pulverflockung einsetzen und in großen Gleitschleifbetrieben mit Abwasser aus unterschiedlichen Prozessen auf eine vollautomatisch arbeitende Anlage zurückgreifen.

9.3.7.1   Halbautomatische Chargenanlagen

In einer Chargenanlage fließt das aus der Maschine kommende Wasser in einen Pufferbehälter und wird dann chargenweise in einem Reaktor geflockt.

Sowohl Pufferbehälter als auch Reaktor sind mit einem Rührer auszustatten.

Durch die Aufstellung eines Pufferbehälters kann die Gleitschleifmaschine während der Flockung weiter betrieben werden.

Ist die Abwassermenge kleiner als $1\,m^3$ pro Tag, so kann auf den Pufferbehälter verzichtet werden und das Abwasser währen des Betriebes direkt in den Reaktor fließen.

Die Verfahrensweise lässt sich dann so formulieren: tagsüber produzieren, nachts das Abwasser behandeln.

In diesem Fall gibt der Maschinenbediener nach Arbeitsende Flockungspulver zu.

Er kontrolliert das Flockungsergebnis, nach etwa 15 min. Es müssen sich große Flocken gebildet haben und das Wasser muss klar sein.

Anschließend startet er die Filtration, die dann über Nacht läuft. Wasser und Schlamm werden über Niveauwächter in Filtersäcke gepumpt (in der Hoffnung, dass der Flockungsbehälter am nächsten Morgen leer ist).

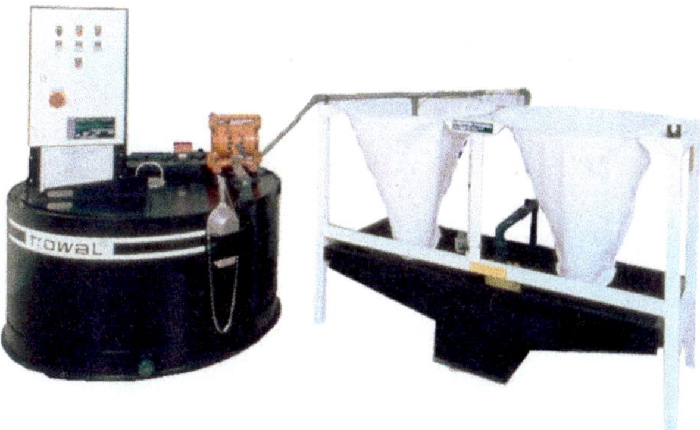

Abb. 9.1 Kleine Flockungsanlage

Der Schlamm in den Filtern trocknet im Laufe der nächsten Tage aus und kann dann entsorgt werden. Da das Trocknen im Allgemeinen mehr als einen Tag dauert, sollten mehrere Filtersäcke zur Verfügung stehen!

Eine kleine Anlage ohne Pufferbehälter zeigt Abb. 9.1.

9.3.7.2 Vollautomatische Chargenanlagen

Vollautomatisch arbeitende Anlagen benötigen einen Sammelbehälter, einen Flockungsreaktor, einen Absetzbehälter sowie eine Filterpresse. Dazu kommen Dosierstationen für drei flüssige Flockungsmittel (Emulsionsspalter, Neutralisationsmittel, Flockenbildner).

Der Flockungsvorgang wird durch eine elektronische Steuerung (SPS) überwacht.

> Der Sammelbehälter muss ein Rührwerk enthalten, das wenigstens intervall-mäßig läuft, damit er sich nicht langsam mit Feststoffen zusetzt.
>
> Als Sammelbehälter kann ein vorhandenes Erdbecken genutzt werden.

Der Flockungsvorgang läuft wie folgt ab:

- Der Flockungsreaktor wird mit Abwasser gefüllt. Flockungsmittel (Emulsionsspalter) wird zudosiert, und zwar umso mehr, je mehr Öl und Tenside enthalten sind.
- Der pH-Wert wird mit Kalkmilch eingestellt. Dabei ist zu berücksichtigen, dass Kalkmilch langsamer als Natronlauge reagiert, und es daher der pH-Wert nach Abschluss der Zugabe in der nächsten Minute noch etwas ansteigt.
- Das Flockungshilfsmittel wird unter langsamem Rühren über 10–30 Sekunden zugegeben, dabei bilden sich große gut absetzbare Flocken aus. Die nötige Menge an Flockungshilfsmittel hängt hauptsächlich vom Feststoffgehalt ab.
- Das geflockte Wasser wird in einen Absetzbehälter umgepumpt. Hierzu sind Membranpumpen einzusetzen, da Flügelradpumpen die Flocken zerschlagen würden.
- Nach der Absetzzeit (20–60 min) kann die überstehende Klarphase über eine pH-Kontrolle in die Kanalisation abgelassen, und der Dünnschlamm einer Filterpresse zugeführt werden. Erst wenn der Absetzbehälter leer ist, kann die nächste Charge darin bearbeitet werden.

Der Ablauf der Behandlung ist in Abb. 9.2 skizziert.

> Ein zu langes oder zu kräftiges Rühren bei Zugabe des Flockungshilfsmittels zerschlägt die Flocken und erschwert das Absetzen beträchtlich.

Die meiste Zeit bei der Behandlung einer Abwasser-Charge benötigt das Absetzen des Schlamms.

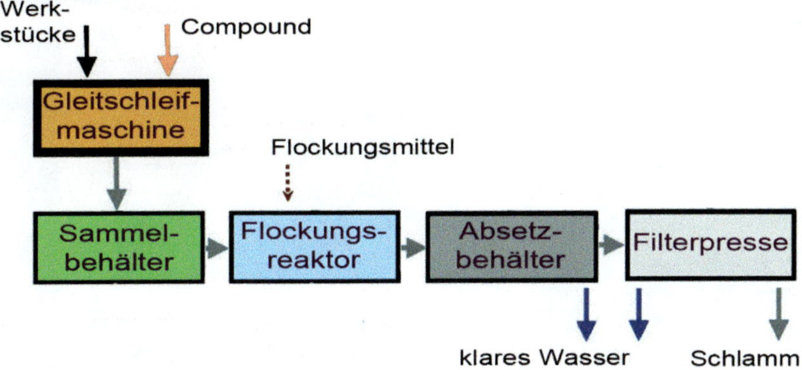

Abb. 9.2 Blockfließbild einer Flockungsanlage

Um die einzelnen Chargen schneller nacheinander aufarbeiten zu können und den Absetzbehälter einzusparen, hat Trowal einen speziellen Reaktor entwickelt.

Er ist zugleich Flockungs- und Absetzbehälter. Der runde Reaktor besteht aus Ober- und Unterteil, besitzt ein Rührwerk und ist in der Mitte mit einer waagerechten trichterförmigen Trennwand versehen. Die Trennwand besitzt in der Mitte einen kreisförmigen Durchlass, durch den die Flocken in den unteren Teil sinken.

Wenn der Behälter mit Abwasser gefüllt ist, wird der Inhalt im oberen Raum geflockt. Danach sinken die Flocken in den unteren Teil (Schlammraum).

Abb. 9.3 Schnitt durch einen
Trowal Flockungsreaktor

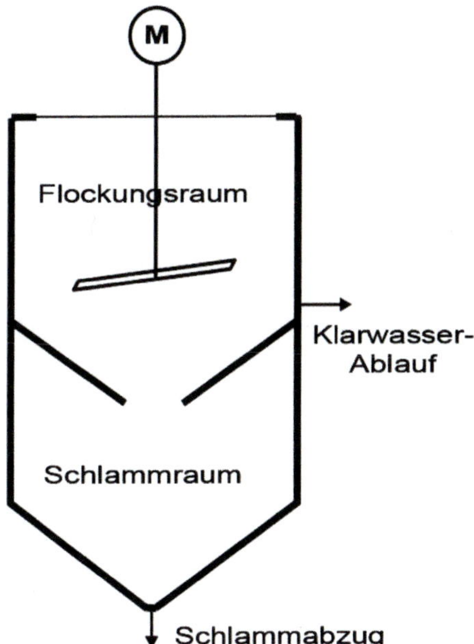

Abb. 9.4 Vollautomatische Chargenanlage

Sobald der Schlammpegel unter das Niveau des Klarwasserablaufes gesunken ist, kann das darüberstehende Klarwasser abgelassen und eine neue Flockung begonnen werden.

In dem zu Anfang im Schlammraum vorhanden trüben Wasser bilden sich auch Flocken, sodass der gesamte Inhalt des unteren Behälterteils gut zu filtrieren ist.

Die Hauptzeitersparnis resultiert daraus, dass der Schlammabzug zur Filterpresse (nämlich der zeitbestimmende Faktor), nur während des Flockungsvorgangs unterbrochen werden muss und so auch während der Absetzzeit Schlamm abgezogen werden kann.

Eine Skizze des kombinierten Reaktions- und Absetzbehälters ist in Abb. 9.3 wiedergegeben.

Das Bild einer vollautomatischen Chargenanlage mit Dosierstation und Filterpresse ist in Abb. 9.4 zu sehen.

9.3.7.3　Durchlaufanlagen

Zur Flockung im Durchlauf fließt das Abwasser kontinuierlich aus der Gleitschleifmaschine durch den Flockungsreaktor. Auch das meist pulverförmige Flockungsmittel wird kontinuierlich zudosiert. Das geflockte Wasser läuft dann ebenso kontinuierlich weiter in eine Absetzeinheit, wie z. B. einen Schrägklärer.

Die anschließende Eindickung des Schlamms erfolgt wie bei den Chargenanlagen.

Durchlaufreaktoren lassen sich ebenso wie Chargenreaktoren durch Einbauten so auslegen, dass Flockenbildung und Absetzen in einem Behälter erfolgen.

9.3.7.4   Filterpressen

Kammerfilterpressen sind die Standardgeräte zur Eindickung des Dünnschlamms. Sie sind recht einfach und robust gebaut, zeigen jedoch im Betrieb einige Besonderheiten, die es zu berücksichtigen gilt.

Eine Kammerfilterpresse ist in Abb. 9.4 auf der linken Seite der Anlage zu sehen.

In einem kräftigen Gestell sind Filterplatten senkrecht nebeneinander aufgehängt, wie in einem liegenden Stapel. Die Platten besitzen einen verdickten Rand (an dem sie aneinander liegen) und eine zentrale Bohrung.

Durch diese wird bei jeder Platte ein Filtertuch gesteckt und auf beiden Seiten der Platte entfaltet. Die Platten werden durch einen Hydraulikzylinder aneinander gepresst, damit die Ränder nach außen dicht sind.

Der Dünnschlamm wird mit bis zu 10 bar in den Kanal gedrückt, den die zentralen Bohrungen ergeben. Das klare Wasser fließt durch Bohrungen in jeder Platte in eine Rinne ab.

Vor dem Entleeren muss zunächst der Innenraum druckfrei gemacht werden und dann der hydraulische Anpressdruck der Platten abgeschaltet werden.

Wird diese Reihenfolge nicht eingehalten, spritzt die noch zwischen den Platten befindliche Flüssigkeit überaus effektvoll heraus (dieses Malheur wird jedem Bediener mit Sicherheit nur einmal passieren).

Anschließend können die Filterplatten einzeln auf dem Gestell verschoben werden. Dabei fallen die (hoffentlich) stichfesten Schlammplatten in einen darunter stehenden Behälter.

Die Plattenränder erden anschließend und die Platten wieder zusammengeschoben.

Eine Kammerfilterpresse darf nur entleert werden, wenn der Raum zwischen den Platten vollkommen mit Schlamm gefüllt ist. Andernfalls ist der Schlamm nicht fest und ein dünner „Matsch" läuft heraus. Die nötige Füllzeit wird empirisch ermittelt.

Eine Filterpresse darf nie mit ungeflocktem Abwasser beaufschlagt werden. Die Filtertücher oder die darüberliegende Schicht setzt sich sofort zu und die weitere Filtration ist blockiert. Ehe wieder eine Filtration möglich ist, müssen die Filtertücher gereinigt werden.

Zum Reinigen kann man die Filterplatten (mit den Tüchern!) in verdünnte Säure legen oder sie mit einem Hochdruckreiniger solange abspritzen, bis der graue Belag auf den Tüchern verschwunden ist.

Bedeutungsvoll ist die Filtrationsgeschwindigkeit im Laufe eines Füllzyklus.

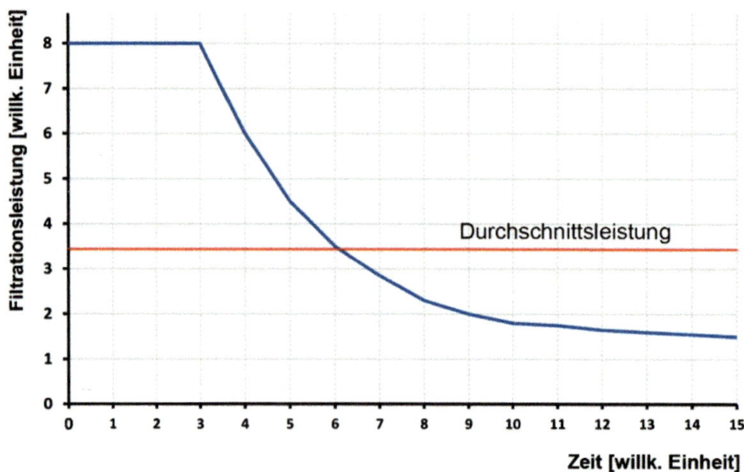

Abb. 9.5 Zeitlicher Verlauf der Filtrationsleistung

In Abb. 9.5 ist der typische zeitliche Verlauf der Filtrationsleistung wiedergegeben, wobei für Durchsatz und Zeit willkürliche Einheiten gewählt sind.

Zu Beginn der Filtration, wenn die Filtertücher noch wenig belegt sind, ist der Durchsatz durch die Leistung der Speisepumpe gegeben. Mit zunehmender Dicke der Schlammschicht steigt der Widerstand der Filterschicht und damit der Druck in der Presse solange an, bis die eingestellten 10 bar erreicht sind.

Die Pumpe schaltet nun solange ab, bis der Druck auf einen Wert von ca. 5 bar gesunken ist. Diese Pausen der Pumpe werden mit zunehmender Füllung immer länger und verringern die Durchsatzleistung immer weiter.

Die Kenntnis des zeitlichen Verlaufs der Filtrationsleistung ist für die Auslegung einer Filterpresse wichtig, da die mittlere Leistung nur 20–40 % der Leistung der Speisepumpe beträgt, je nach Filtrierbarkeit des Schlamms.

9.3.7.5 Ionentauscher

Besonders wenn kupfer-, chrom- und nickelhaltige Legierungen bearbeitet werden, kann es vorkommen, dass in der filtrierten Klarphase erhöhte Metallgehalte zu finden sind (z. B. wegen nicht korrektem pH-Wert oder leichtem Trübedurchbruch).

Ein in den Klarwasserablauf eingesetzter Ionentauscher kann dann zusätzliche Sicherheit bieten. Er besteht aus einem mit Austauscherharz (z. B. Lewatit 207 von Bayer) gefüllten Zylinder, der langsam von dem Wasser durchströmt wird.

Dabei werden Schwermetallionen an der Oberfläche des Harzes adsorbiert. Ist die Aufnahmekapazität des Harzes erschöpft, muss die Austauschermasse regeneriert werden. Das lässt man vernünftigerweise extern durchführen (z. B. durch Fa. Asana, Amberg, die auch solche Austauscheranlagen herstellt).

In einer Ionentauscheranlage sind meist zwei Austauscherpatronen hintereinandergeschaltet. Eine dritte ist in Reserve. Ist die vordere nahezu erschöpft, wird „ringförmig" getauscht. Die verbrauchte wird zur Regeneration gebracht, und die Patrone von der zweiten Stelle wird an die erste Stelle gesetzt und die Reservepatrone an die 2. Stelle.

Wird in Fällen, in denen mit Schwefelsäure gebeizt und mit Kalkmilch neutralisiert wird, ein Ionentauscher verwendet, so setzt sich das Harz mit langsam ausfallendem Gips zu. Dies wiederum kann durch Zugabe von Bayhibit (Bayer) in das Filtrat vermieden werden.

9.3.8 Recyclingmöglichkeiten

Das geflockte und vom Schlamm befreite klare Wasser wird normalerweise in die Kanalisation eingeleitet.

Es ist jedoch möglich, dieses Wasser wieder zu verwenden:

- als Spülwasser im Gebäude
- als Kühlwasser
- als Prozesswasser für die Gleitschleifmaschinen.

Zum Einsatz als Prozesswasser für die Gleitschleifmaschinen ist dieses Wasser nur bedingt brauchbar, da es Chlorid (aus dem Flockungselektrolyten) bis zu einigen g/l enthält. Der Chloridgehalt kann zu Korrosionserscheinungen führen. Stört das Chlorid beim Recycling, so kann man eine sulfathaltige Flockungslösung einsetzen.

Soll geflocktes Wasser als Prozesswasser verwendet werden, ist es sinnvoll, es mit Frischwasser zu mischen.

9.4 Reinigung im Kreislauf

Wenn das Prozesswasser im Kreis gefahren wird, muss es weitgehend vom Abrieb und eingeschlepptem Öl und Schmutz befreit werden.

Diese Verfahrenstechnik bei Kreislauffahrweise ist in Abschn. 7.1.3 (Kreislauftechnik) beschrieben.

Zur Reinigung des Prozesswassers werden praktisch ausschließlich Zentrifugenanlagen benutzt. Membrananlagen haben sich in der Praxis nicht bewährt. Eindampfanlagen sind wenig verbreitet, da sie keinen festen Schlamm als Rückstand bilden und oft Schaumprobleme erzeugen.

Ebenso sind nur wenige Elektroflotationsanlagen in Betrieb gegangen Sie lassen die gebildeten Flocken zwecks Abtrennung aufschwimmen, indem sie Gasblasen durch Elektrolyse erzeugen.

9.4.1 Reinigung durch Zentrifugen

Zentrifugen reinigt das Wasser dadurch, dass Schwebstoffe in einer sich schnell drehenden Trommel durch Zentrifugalkraft (ca. 2000-fache Erdbeschleunigung) an der Trommelwand abgeschieden werden.

Das heißt, die Reinigungswirkung erfolgt rein mechanisch.

Öl und Fett sowie gelöste Schadstoffe lassen sich nicht durch reines Zentrifugieren entfernen; ebenso bleiben Partikel, die sehr klein sind oder annähernd die Dichte des Wassers haben, in der Flüssigphase.

Auch wenn die Zentrifuge bei jedem Durchlauf des Prozesswassers nur einen Teil der Feststoffe abtrennt, nimmt die Feststoffkonzentration im Kreislauf nicht stetig zu.

Sie wird sich nach einiger Zeit bei einem Wert stabilisieren, der 20–30 % über dem liegt, der sich nach einmaligem Durchlauf des Wassers einstellen würde.

Das liegt daran, sich dass die feinsten Partikel, die zunächst nicht abgeschieden werden, im Laufe der Zeit dadurch vergrößern, dass sie an größeren Flocken adsorbiert werden und dadurch abscheidbar werden.

9.4.1.1 Korbzentrifugen

Bei Korbzentrifugen ist ein Kunststoffkorb in die Zentrifugen-Trommel eingesetzt.

Dieser muss nach Füllung manuell entnommen und geleert werden.

Der Schnitt durch eine Korbzentrifuge ist in Abb. 9.6 zu sehen.

Die Funktion einer Korbzentrifuge ist folgende: Das zu reinigende Wasser läuft über ein Rohr nahe dem Korb-Boden ein und bildet an der Trommelwand einen Flüssigkeitsring. Dabei werden die Feststoffe aufgrund ihrer höheren Dichte am Außenmantel abgeschieden.

Das von Feststoffen befreite Wasser läuft entweder über den oberen Rand über, oder es wird von einem sog. Schälrohr, das in die Oberfläche des schnell rotierenden Flüssigkeitsringes eintaucht, „abgeschält".

Die Bewegungsenergie des in das Rohr eintretenden Wassers reicht im Allgemeinen aus, um das Wasser ohne Pumpe zur Gleitschleifmaschine zu fördern.

Eine herkömmliche Korbzentrifuge kann mit bis zu einem Durchfluss von 1000 l/h belastet werden.

Um die Verweilzeit des Wassers in der Trommel nicht zu klein werden zu lassen und damit die Abscheiderate zu sehr zu verringern, sollte man den Wasserdurchsatz nicht über ca. 600 l/h wählen.

Wichtig für einen ordnungsgemäßen Betrieb einer Korbzentrifuge ist es, den Korb bis zur Entleerung mit der richtigen Menge an Schlamm zu füllen.

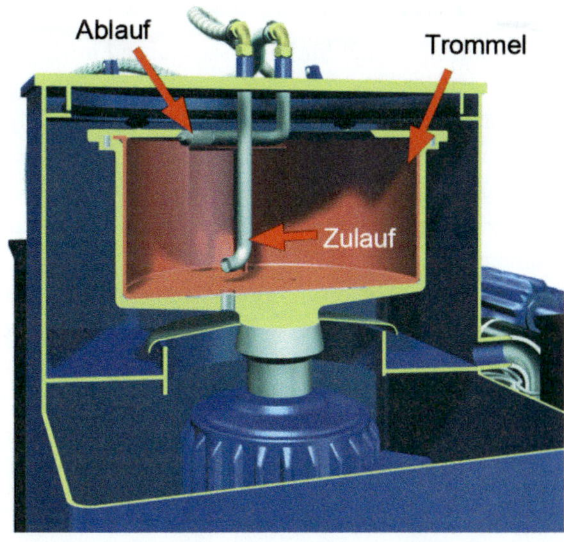

Abb. 9.6 Blick in eine Korbzentrifuge

Wählt man die Füllzeit zu lang, dann wird der Flüssigkeitsfilm über der Schlammschicht sehr dünn. Das bedeutet, dass die Verweilzeit des Wassers in der Trommel zu gering wird. Das wiederum führt dazu, dass kaum noch eine Abscheidung von Feststoffen und damit eine zu geringe Reinigungswirkung erzielt wird.

Beispiele für einen überfüllten und einen nicht ausreichend gefüllten Korb zeigt Abb. 9.7.

Abb. 9.7 Füllgrad von Zentrifugenkörben

9.4.1.2 Schälzentrifugen

Schälzentrifugen sind für Durchsätze über $1\,m^3/h$ gedacht. Sie arbeiten automatisiert indem sie z. B. den abgeschiedenen Schlamm selbsttätig austragen. Dementsprechend kosten Schälzentrifugen ein Vielfaches der Korbzentrifugen.

Eine Schnitt-Skizze der Schälzentrifuge zeigt Abb. 9.8.

Die Zentrifugen-Trommel ist unten offen und hängt an dem Antriebsmotor. Das zu reinigende Wasser läuft unten in die Trommel ein und fließt oben durch Bohrungen in der Trommel aus.

Eine verschiebbare Abtropfwanne unter der Trommel sorgt dafür, dass der Wasserring beim Auslaufen der gefüllten Trommel nicht in den Schlammwagen läuft.

Nach Füllung des Schlammraumes in der Trommel wird der abgeschiedene Schlamm bei langsamem Umlauf durch ein Messer abgeschält und fällt in einen (hoffentlich) darunter stehenden Schlammwagen.

Auch bei Schälzentrifugen darf die Trommel nicht überfüllt werden. Die Füllzeit wird so eingestellt, dass das Ringraum-Volumen zu nicht mehr als 70 % gefüllt wird.

Die richtige Füllmenge wird getestet, indem der Trommelinhalt in einen kalibrierten Eimer geschält wird. Das erhaltene Volumen wird mit der Angabe des Herstellers verglichen. Wurde das Schüttgewicht des Schlamms bestimmt, kann der abgeschälte Trommelinhalt auch gewogen werden, um dessen Volumen zu bestimmen.

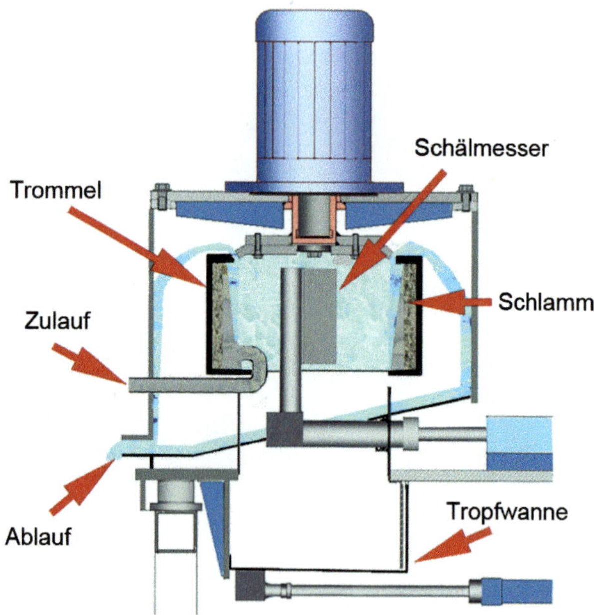

Abb. 9.8 Schnitt durch eine Schälzentrifuge

9.4.2   Zentrifugenanlagen

Zentrifugenanlagen enthalten neben der eigentlichen Zentrifuge einen Pufferbehälter für Schmutzwasser (Schmutzwasserbehälter), einen zusätzlichen Behälter für das zentrifugierte Wasser (Prozesswasserbehälter) und eine Pumpe.

Der Prozesswasserbehälter ist Speisebehälter für die Gleitschleifanlage.

Nur bei Korbzentrifugen mit Schälrohr kann auf den Prozesswasserbehälter und die Pumpe verzichtet werden. Dann allerdings muss die Gleitschleifmaschine während der Entleerung des Korbes abgestellt werden.

9.4.2.1   Standard-Zentrifugenanlagen

In einer Standard-Anlage wird kein Flockungshilfsmittel zur Verbesserung der Abscheidung zugesetzt.

Das aus der Gleitschleifanlage kommende Wasser läuft zunächst in einen Puffertank (Schmutzwasserbehälter). Von dort aus fließt es durch die Zentrifuge, dann in den Prozesswasserbehälter und weiter zur Gleitschleif-Anlage zurück.

Durch die Installation des Prozesswasserbehälters kann die Gleitschleifanlage weiter mit Wasser versorgt werden, während der Zentrifugenkorb gewechselt bzw. die Trommel ausgeschält wird.

Der gepunkteten Linie im Fließbild nach fließt auch Wasser direkt aus dem Prozesswasserbehälter in den Schmutzwasserbehälter zurück, da immer etwas mehr Wasser über die Zentrifuge gepumpt wird, als die Gleitschleifmaschine benötigt.

In modernen Zentrifugenanlagen ist ein Überlauf vom Prozesswasser in den Schmutzwasserbehälter integriert.

Den grundsätzlichen Aufbau einer Standard-Zentrifugenanlage zeigt das Blockfließbild in Abb. 9.9.

Der Überlauf vom Prozesswasser in das Schmutzwasser ist nicht so überflüssig wie es aussieht, denn auf diese Weise werden mehrere Vorteile erlangt:

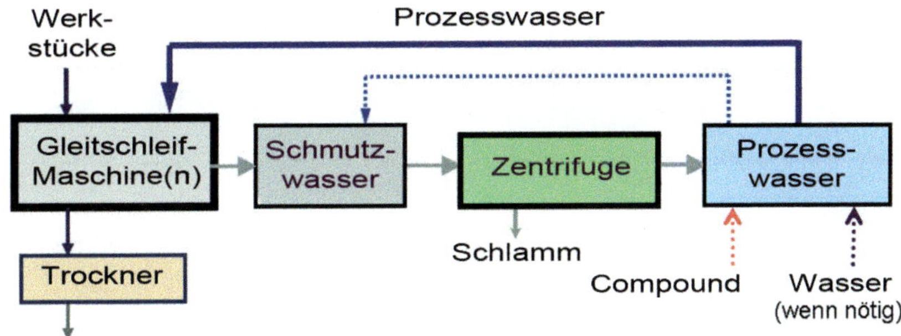

Abb. 9.9 Standard-Zentrifugenanlage

- Aufschwimmender Schaum kann in den Schmutzwasserbehälter zurückbeordert werden.
- Eine Bewässerung des Fußbodens kann vermieden werden, wenn der Prozesswasserbehälter voll ist und die Gleitschleifanlage abgeschaltet wird.
- Dieser „innere Kreislauf" kann dazu genutzt werden, das Kreislaufwasser einer Feinreinigung zu unterziehen.

Compound wird nicht in die Gleitschleifmaschine gegeben, sondern beim Ansetzen eines Kreislaufes einmalig in das Ansetzwasser.

Ein Nachdosieren von Compound ist nur erforderlich, wenn auch Wasser nachgefüllt wird, das hauptsächlich durch Verschleppung mit Werkstücken und mit dem Schlamm verschwindet (der Schlamm enthält 30–50 % Restfeuchte).

Der in Abb. 9.9 gezeigte Aufbau eignet sich für Standardkreisläufe mit

- pH-neutralen Compounds
- nicht zu stark verölten Werkstücken
- niedrigen Sauberkeitsanforderungen an die Werkstücke
- Granulat-Trocknung.

9.4.2.2 Zentrifugenanlagen mit Flockung

Um sehr feinen Abrieb, Öl und Formentrennmittel abscheidbar zu machen, muss im Schmutzwasserbehälter geflockt werden. Es kann dabei nötig sein, ein pulverförmiges Flockungsmittel einzusetzen, um leichte Flocken zu beschweren.

Im Falle einer Flockung muss kontinuierlich Compound zugegeben werden, da Teile des Tensids mit Öl und feinem Abrieb ausgetragen werden.

Den Aufbau eines Kreislaufsystems mit Flockungs-Unterstützung zeigt das Blockfließbild in Abb. 9.10.

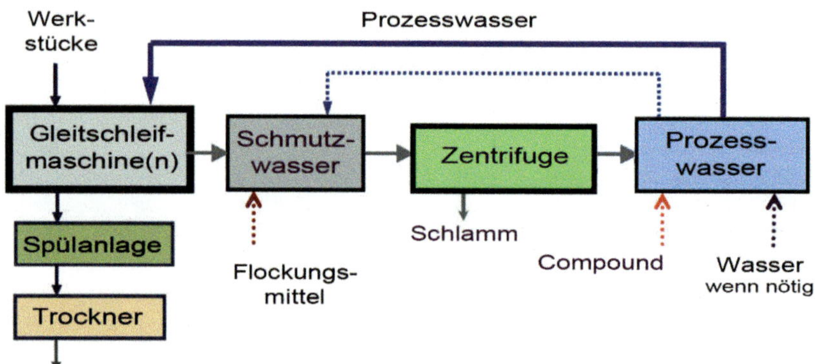

Abb. 9.10 Zentrifugenanlage mit Flockung

Da das Flockungsmittel neben Öl und Abrieb auch Tenside bindet, wird nicht bis zur Erlangung klaren Wassers geflockt, sondern das Prozesswasser verlässt die Zentrifugen-Anlage leicht trübe.

Kreisläufe mit Compound-Nachdosierung und Flockung werden bei folgenden Bearbeitungen eingerichtet:

- stark verölte Werkstücke
- Druckgussteile mit hohen Sauberkeitsanforderungen
- Magnesiumteile
- Heißluft-Trocknung
- Verwendung von Kunststoff-Schleifkörpern mit hohem Abrieb.

9.4.2.3 Pflege des Prozesswassers

Das Prozesswasser ist wegen seines Tensidgehaltes und der leicht erhöhten Temperatur ein idealer Lebensraum für Bakterien.

Wenn keine Maßnahmen gegen das ungehemmte Wachstum der Keime ergriffen werden, kommt es besonders im Sommer zu Geruchsbelästigungen und kann sogar bei den Mitarbeitern zu Hautirritationen führen.

Solange die Zentrifugenanlage läuft, wird Sauerstoff eingetragen und so die Vermehrung der Keime in Grenzen gehalten. Steht die Anlage über das Wochenende still, kann es leicht passieren, dass der Erste Mitarbeiter, der am Montagmorgen die Halle betritt, sich spontan die Nase zuhalten muss.

Als einfache Gegenmaßnahme gegen den Geruch kann man über das Wochenende das Rührwerk im Schmutzwasserbehälter laufen lassen.

Ist der Kreislauf erst einmal mit Bakterien verseucht (hier spricht man von mehr als 10^4 Keimen pro ml), so hilft nur eine Systemreinigung. Diese ist unter Abschn. 7.1.3.2 ausführlich beschrieben.

9.4.3 Membranfiltration

Die Membranfiltration ist ein physikalisches Verfahren zur Abtrennung sehr feiner Feststoffpartikel.

Das belastete Wasser wird auf einer Seite einer porösen Membran entlanggeführt. Durch ein Druckgefälle zur anderen Membranseite drückt sich das Wasser mit gelösten Stoffen und Partikeln, die kleiner sind als die Poren der Membran, durch diese hindurch.

Der so von einem Großteil der Feststoffe befreite Anteil heißt *Permeat* und wird den Gleitschleifmaschinen wieder zugeführt.

Das zurückbleibende mit Feststoff angereicherte Wasser ist das *Retentat*. Es wird in einem eigenen Kreis gefahren. Es konzentriert sich immer weiter auf, bis es als Konzentrat entsorgt werden muss.

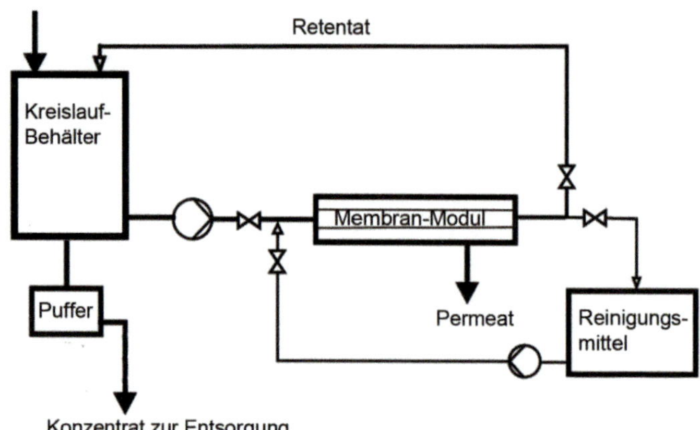

Abb. 9.11 Mikrofiltration

Da Gleitschleifabrieb sehr fein sein kann, ist auch die Größe der Poren in der Membran sehr klein (um 1 µm). Das bedeutet, dass sie sich schnell zusetzen können.

Sind die Poren verblockt, werden sie mit speziellen, meist zitronensäurehaltigen Lösungen gereinigt.

Die Membran wird im Allgemeinen nach jeder Reinigung etwas weniger durchlässig und damit die durchfließende Menge immer geringer, bis dann die Membran ausgewechselt werden muss.

Die Membranfiltration von Partikeln im Mikrometerbereich wird auch Mikrofiltration genannt. Aufgrund der sich langsam zusetzenden Membranen sah die Beurteilung der wenigen Membrananlagen, die in Betrieb waren, wohl so aus:

Erstes Quartal: „wunderbar(!)". Im zweiten Quartal ließ die Begeisterung schon nach, und im dritten Quartal wurde über zu wenig Leistung und zu häufigen Membranwechsel geklagt. Später wurden die meisten Anlagen wieder ausgebaut und durch Zentrifugen ersetzt.

Das Blockfließbild einer Mikrofiltration zeigt Abb. 9.11.

9.4.4 Eindampfanlagen

Die Idee, das aus den Gleitschleifmaschinen kommende Wasser einzudampfen, und das Kondensat wieder zurückzuführen oder als sauberes Wasser anderweitig zu verwenden, besticht zunächst.

Von Nachteil jedoch sind die Energiekosten (selbst wenn Anbieter durch Anwendung der Vakuumeindampfung mit Wärmerückgewinnung einen Energieverbrauch von 800–1200 KJ/l versprechen).

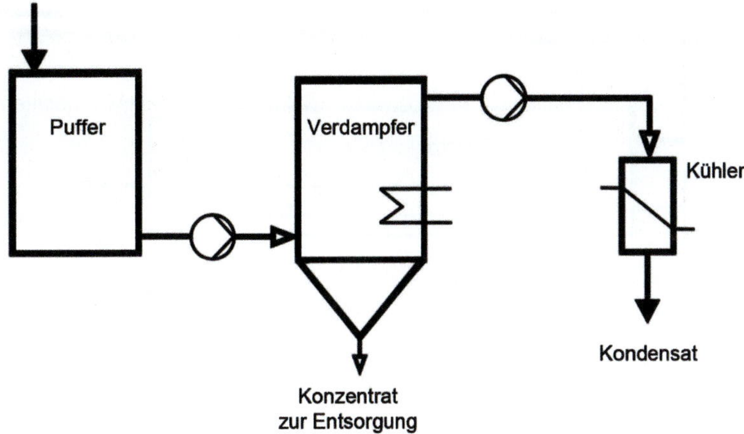

Abb. 9.12 Eindampfanlage

Weitere Nachteile bzw. Schwierigkeiten beim Eindampf-Verfahren sind:

- Wartungsaufwand
- Verschmutzungen
- Schaumbildung
- Kein stichfester Eindampfrückstand.

Aufgrund dieser Nachteile findet man Eindampfanlagen nur dort, wo andere Techniken, das Kreislaufwasser zu reinigen, versagen. Dies sind vorwiegend Anlagen, in denen mit Polierpasten gearbeitet wird.

So gibt es nur wenige in Betrieb befindliche Eindampfanlagen.

Das Blockfließbild einer Eindampfanlage ist in Abb. 9.12 skizziert.

9.4.5 Elektroflotation

Bei dem Verfahren der Elektroflotation wird das ungereinigte feststoffhaltige Wasser durch eine Elektrolysezelle geschickt, in der aus den Elektroden Eisen- und Aluminium-Hydroxide als Flockungsmittel erzeugt werden. Gleichzeitig entstehen Gasblasen.

Es bilden sich also Flocken aus (wie beim Flockungsverfahren).

Diese werden zum einen Teil an den Gasblasen adsorbiert und so an die Wasseroberfläche transportiert. Von dort können sie in einen Schlammsammelbehälter abgeschöpft und anschließend filtriert werden.

Zum anderen Teil setzen sie sich auf dem Boden ab und müssen zusätzlich abgezogen werden.

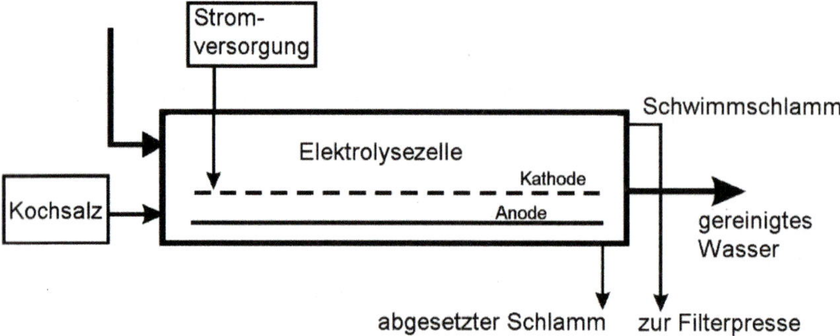

Abb. 9.13 Elektroflotationsanlage

Der ausgetragene Schlamm muss in einem Behälter gesammelt und auch hier in einer Filterpresse eingedickt werden.

Es wurde häufig für dieses Verfahren als eine fortschrittliche und besonders umweltfreundliche Technik geworben, bei der keine Chemikalien eingesetzt werden müssen. Dies stimmt nur sehr bedingt.

Wenn auch keine Flockungsmittel zugegeben werden müssen, so werden diese doch elektrolytisch durch Auflösung des Metalls der Elektroden erzeugt.

Außerdem muss wegen der geringen elektrischen Leitfähigkeit von Gleitschleifwasser oft Kochsalz zudosiert werden. Der Kochsalzanteil kann dann bei Wiederverwendung des Wassers zur Korrosion führen.

Die Elektroflotation hat sich vor allem wegen der hohen Anschaffungs- und Energiekosten nicht durchsetzen können.

Das Blockfließbild einer Elektroflotationsanlage ist in Abb. 9.13 zu sehen.

9.5 Abwasser-Compounds

Wie oben beschrieben, muss das Prozesswasser sowohl vor Einleitung als auch in bestimmten Fällen bei Kreislaufanlagen mit Flockungsmitteln versetzt werden, damit sich Feststoffe absetzen und Öl adsorbiert wird. Nötigenfalls müssen auch gelöste Schadstoffe ausgefällt werden.

Flockungsmittel werden sowohl als Flüssigkeit als auch als Pulver in den Schmutzwasserbehälter dosiert. Menge und Art richtet sich nach Anteil an Feststoff, Tensid und Öl des zu behandelnden Wassers.

Bei der Dosierung von flüssigen Mitteln (in Automatik-Anlagen) zur Vorbehandlung für die Einleitung in die Kanalisation werden, wie beschrieben, mehrere Mittel zuzugeben:

- Trennmittel
- Neutralisationsmittel
- Flockenbildner.

Setzt man adsorbtionsmittelhaltige Pulver-Compounds ein, so genügt die Zugabe eines einzigen Mittels. In diesem sind die einzelnen Komponenten vorgemischt.

9.5.1 Trennmittel

Trennmittel sind wasserlösliche Salze oder Säuren. Sie heben aufgrund ihres ionischen Charakters die Oberflächen-Ladungen der emulgierten Schmutzteilchen auf, durch die sie stabilisiert waren.

Durch die Zugabe von Trennmitteln wird die Emulsion gespalten und es bilden sich Mikroflocken.

Durch das Spalten der aus Tensiden und Feststoffen bestehenden Emulsion wird eine Filtration zur Abtrennung der Feststoffe überhaupt erst möglich.

Die am meisten verwendeten Trennmittel sind Aluminium- oder Eisensalze, und zwar Chloride oder Sulfate, die in Lösung sauer reagieren. Daher muss das Wasser nach deren Zugabe neutralisiert werden.

Der Eintrag von chloridhaltigen Salzlösungen hat gegenüber sulfathaltigen den Nachteil, dass das wiederverwendete Prozesswasser bei empfindlichen Stahlteilen zu Korrosionsschäden führen kann.

Neuerdings sind jedoch auch Trennmittel für Kreisläufe zu erhalten, die weitgehend salzfrei sind.

9.5.2 Neutralisationsmittel

Zum Neutralisieren des mit Trennmittel versetzten Wassers wird entweder Natronlauge oder Kalkmilch (eine meist 10 %ige Aufschlämmung von gebranntem Kalk in Wasser) gewählt.

In den meisten Fällen wird Kalkmilch eingesetzt. Sie ist kostengünstiger als Natronlauge und unterstützt das Absetzen. Sie reagiert jedoch nach, d. h. nach Ende der Zugabe steigt der pH-Wert noch etwas an.

Natronlauge kann in konzentrierterer Form eingesetzt werden Sie wird verwendet, wenn die mit dem Ansetzen der Kalkmilch verbundene Staubentwicklung die Mitarbeiter zu sehr husten lässt und sich die Flocken auch ohne den sie beschwerenden Kalk gut absetzen.

9.5.3 Flockenbildner

Die durch das Trennmittel gebildeten Flocken sollen sich schnell absetzen. Dazu müssen sich die Mikroflocken vergrößern. Um das zu erreichen, werden sog. Polyelektrolyte eingerührt, deren Aussehen Tapetenkleister ähnelt.

Beim Einrühren gilt es vorsichtig vorzugehen, da sowohl ein Schnellrührer als auch eine zu lange Rührzeit die gebildeten großen Flocken wieder zerschlagen.

9.5.4 Kreislauf-Flockungsmittel

In Zentrifugenanlagen muss das Kreislaufwasser gereinigt werden, jedoch nicht so weit, dass klares Wasser entsteht.

In diesem Fall würden die Reinigungsmittel bereits einen Teil der Gleitschleifcompounds mit ausflocken.

Wenn die Zugabe eines Flockenbildners allein nicht ausreicht, werden salzhaltige Mittel hinzugefügt. Diese lassen allerdings den Chlorid- bzw. Sulfatgehalt im Kreislauf ansteigen, der Korrosionsprobleme verursachen kann.

9.5.5 Flockungspulver

Flockungspulver enthalten alle Komponenten, die für die Flockung benötigt werden, also Trennmittel, Neutralisationsmittel und Flockungsmittel.

Darüber hinaus bestehen sie aus adsorbtiv wirkenden Feststoffen, die die Abscheidung feinster Partikel verbessern und darüber hinaus die gebildeten Flocken beschweren, sodass diese sich besser absetzen.

Flockungspulver sind auch gegen intensives Rühren längst nicht so empfindlich wie die flüssigen Flockungshilfsmittel.

Nachteil der Flockung mit Pulver ist, dass die enthaltenen Komponenten im fest vorgegebenen Verhältnis gemischt sind und nicht auf Besonderheiten einzelner Prozesswässer eingestellt werden können.

Hier können die Flockungseigenschaften nur über die Zugabemenge variiert werden.

Beim Gleitschleifen wird Abwasser erzeugt, das Feststoffe enthält.

Diese müssen in der Abwasserbehandlung abgetrennt werden. Sie fallen als wasserhaltiger Schlamm an, der neben Schleifkörperabrieb und Metallabrieb in geringem Umfang adsorbiertes Öl und Hydroxide der bearbeiteten Metalle enthält.

Daneben fallen Untergrößen von Schleifkörpern an, wenn diese nicht bis zum Schluss aufgerieben werden können.

Die Abfallschlüsselnummer für Gleitschleifschlamm ist ASN = 190814.

10.1 Gleitschleifschlamm

Schlamm aus der Abwasserbehandlung muss stichfest sein, wenn er auf eine von der Behörde zugewiesene Deponie gebracht werden soll.

Eine Reihe von Möglichkeiten der Verwertung und Entsorgung von Gleitschleifschlamm beschreibt B. Göpfert u. a. [18].

Um die Schlammentsorgung für ihre Kunden bequemer zu machen, haben die bekanntesten Gleitschleif-Firmen einen „Ökoservice" eingerichtet. Das heißt, sie nehmen in Einklang mit dem Wirtschafts-Kreislaufgesetz Schlämme zurück, die durch den Einsatz ihrer Schleifkörper entstanden sind. Diese Schlämme müssen stichfest sein. Sie werden vom Erzeuger zum jeweiligen Gleitschleif-Lieferanten in sog. Big Bags transportiert.

Die Transporte sind keine Gefahrguttransporte, da Gleitschleifschlamm behördlich als „nicht besonders überwachungspflichtig" eingestuft ist.

Es sind jedoch Transport- und Übergabenachweise zu führen, bei deren Ausstellung die Firma hilft, die den Schlamm zurücknimmt.

© Springer Fachmedien Wiesbaden GmbH, ein Teil von Springer Nature 2018
H. Prüller, *Praxiswissen Gleitschleifen*, https://doi.org/10.1007/978-3-658-20927-8_10

Tab. 10.1 Schlammanfall nach Eindickung

Behandlung	Keramik-Schleifkörper			Kunststoff-Schleifkörper		
	Masse [kg]	Wasseranteil [%]	Volumen [l]	Masse [kg]	Wasseranteil [%]	Volumen [l]
Zentrifuge Filterpresse	1,4	35	0,8	1,4	45	1,0
Flüssigflockung	1,4	40	0,9	1,6	50	1,1
Pulverflockung	1,5	40	0,9	1,7	50	1,2
Filtersack	1,7	60	1,1	1,9	70	1,4

Der zurückgenommene Schlamm wird einer Verwertung zugeführt. Die entsprechende Genehmigung hat der Gleitschlieflieferant, der den Schlamm zurücknimmt, von seiner Unteren Wasserbehörde bzw. dem zuständigen Landratsamt genehmigt bekommen.

Die Menge anfallenden Schlamms und dessen Wassergehalt sind stark von der Art der Schlammabtrennung bzw. -Eindickung abhängig.

Die Tab. 10.1 führt die zu erwartende Schlammmenge auf, die entsteht, wenn 1 kg Schleifkörper in der Maschine verbraucht wird. In der Tabelle sind die Mengen einander gegenübergestellt, die bei unterschiedlicher Abwasserbehandlung und unterschiedlicher Art der Eindickung des Schlamms entstehen.

Neben der Schlammmenge ist auch das Volumen des Schlamms und dessen Wassergehalt aufgeführt.

10.2 Schleifkörperreste

In den meisten Fällen sind Schleifkörper so lange im Einsatz, bis sie völlig aufgerieben sind, denn die abnehmende Menge an Schleifkörpermasse wird immer wieder durch neue Schleifkörper ergänzt.

Mitunter können Schleifkörper, die für den einen Einsatz zu klein geworden sind (z. B. weil sie in den Werkstücken stecken bleiben), für andere Bearbeitungen weiter verwendet werden. Ist dies nicht möglich, muss der Rest entsorgt werden.

Da diese Abfälle als „nicht überwachungspflichtig" eingestuft sind, ist deren Entsorgung problemlos. Man kann sie auf einer Deponie entsorgen, die von der Behörde zugewiesen wird (nicht mehr für das Gleitschleifen zu verwendende Schleifkörperreste wurden auch schon als Drainagematerial verwendet).

Abfallschlüsselnummern für Schleifkörper

Keramik: ASN = 68042230
Kunststoff: ASN = 68042212

Wenn die Bearbeitungsparameter für den Gleitschleifprozess sorgfältig erarbeitet sind und überwacht werden, kann man davon ausgehen, dass das Ergebnis einwandfrei und reproduzierbar ist. So reicht es in vielen Fällen aus eine Sichtprüfung der Teile vorzunehmen.

Muss der Prozess dokumentiert werden oder sind weniger auffällige Merkmale wie Rauheit oder Kantenradius von Bedeutung, so sind weitergehende Prüfverfahren durchzuführen.

Vor allem bei der Einrichtung eines Gleitschleifprozesses sind Messmethoden anzuwenden, die es erlauben, optimale Bearbeitungsparameter zu finden und einzustellen.

11.1 Optische Begutachtung

Schon durch einfaches Betrachten der fertigen Teile lassen sich viele grobe Fehler erkennen. Besonders dann, wenn der Prozess von erfahrenem Personal betreut wird, das ein Gefühl für das Aussehen der fertigen Werkstücke entwickelt hat.

Dass die Werkstücke für die optische Untersuchung sauber sein müssen, versteht sich von selbst.

Optisch erkennbare Fehler können sein:

- zu geringe Entgratung
- zu starke Verrundung der Kanten
- Schmutzflecke
- Dunkelfärbung der Werkstücke
- fehlender oder zu matter Glanz
- nicht ausreichende Entfettung
- Korrosionsschäden.

© Springer Fachmedien Wiesbaden GmbH, ein Teil von Springer Nature 2018
H. Prüller, *Praxiswissen Gleitschleifen*, https://doi.org/10.1007/978-3-658-20927-8_11

Mitunter lassen sich Fehler besser erkennen, wenn eine Lupe zu Hilfe genommen wird oder das Werkstück unter besonderem Lichteinfall betrachtet wird.

11.2 Grate

In vielen Fällen reicht es den Rest-Grat durch Fühlen mit der Fingerspitze oder dem Fingernagel zu beurteilen. Es lassen sich so noch Grate erspüren, die nur 50 µm hoch sind.

Weitere Hilfsmittel zur Beurteilung eines Restgrates sind Lupe und Stereomikroskop.

Bei beiden ist die Beleuchtungsrichtung von Bedeutung. Hilfreich kann bei der Betrachtung ein Rasterpapier sein, auf dem die Kante mit dem Grat liegt. So lässt sich dessen Größe leichter abschätzen.

Zieht man einen Pfeifenreiniger oder ein Wattestäbchen über eine Kante, die einen kleinen Grat enthalten kann, so zeigt sich sein Vorhandensein dadurch an, dass Wollfasern am Werkstückrand hängenbleiben.

Verschiedentlich werden zur Untersuchung von Bohrungen Lehren angefertigt, die sich nur dann durch die Bohrung schieben lassen, wenn kein Grat den freien Querschnitt einengt.

Die beste Auskunft über ausreichende Gratfreiheit gibt ein Funktionstest mit dem Werkstück selbst. Dies ist freilich der aufwändigste Weg.

11.3 Rauheit

Bei vielen Sichtteilen, wie fadenführenden Teilen in Textilmaschinen oder bei Turbinenblättern kann die Oberflächengüte für die Funktion der Werkstücke ausschlaggebend sein.

Die Rauheit der Oberfläche muss daher gemessen und dokumentiert werden. Die Messung der Rauheit mit einem entsprechenden Gerät und die Erzeugung eines Zahlenwertes sind recht einfach.

Was die erhaltene Zahl aber dann für die Eigenschaft der gemessenen Oberfläche wirklich bedeutet ist mitunter wenig aussagekräftig!

Einem gemessenen Rauheitswert liegt immer ein abgetastetes Profil zugrunde. Der Wert wird im Allgemeinen in der Einheit µm angegeben.

Das durch die Abtastung erhaltene Rauheitsprofil kann auf unterschiedliche Weise ausgewertet werden und führt zu unterschiedlichen Resultaten.

Die Angabe eines Rauheitswertes ohne Nennung der Auswertungsart (Ra, Rz, Rmax) ist absolut unsinnig. Daneben sind die Messparameter Länge der Messstrecke, Filter, Auflösung unbedingt anzugeben.

Will man Rauheitswerte verantwortlich miteinander vergleichen, so sind zusätzlich zu dem Messwert weitere Angaben wie die Länge der Messstrecke und Filtereinstellungen wichtig. So muss auch die „Welligkeit" der Oberfläche (das ist die makroskopische Unebenheit) ausgefiltert werden. Selbst der Ort der Messstrecke und deren Richtung müssen vereinbart sein, um dokumentationsfähige Werte zu erhalten.

Man könnte nämlich einem Kunden wunderbar durch Messung nachweisen, dass die Schleifriefen weitgehend entfernt sind, wenn in Richtung der Rest-Riefen (und nicht quer dazu) gemessen wurde!

Ein weiterer Stolperstein für aussagekräftige Rauheitswerte sind einzelne Kratzer, Risse und Poren in der Oberfläche. Erwische man solche innerhalb der Messstrecke, so ist der erhaltene Wert verfälscht (es sei denn, die gesamte Fläche besteht aus Kratzern!).

Definitionen der auf verschiedenen Auswertungen beruhenden Rauheitswerte sind in einem Buch von Hans Sorg [19] ausführlich beschrieben.

11.3.1 Definition der Rauheits-Messwerte

Auf unterschiedliche Weise errechnete Werte sind:

Ra-Wert: Mittenrauwert
Dieser Wert beschreibt das arithmetische Mittel der Abweichungen der einzelnen „Berge" und „Täler" von einer gedachten Mittellinie entlang der gesamten Messstrecke.

Abb. 11.1 verdeutlicht die Auswertmethode.

Der Ra-Wert ist die am häufigsten benutzte. Größe. Dieser Wert erlaubt es, eine allgemeine Aussage über die Rauheit der Oberfläche zu treffen.

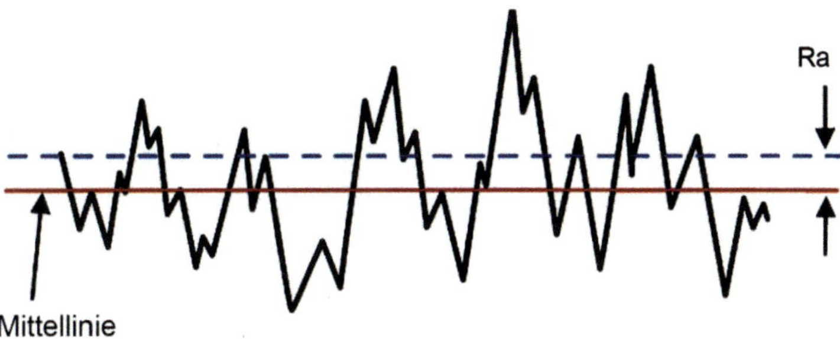

Abb. 11.1 Definition des Ra-Wertes

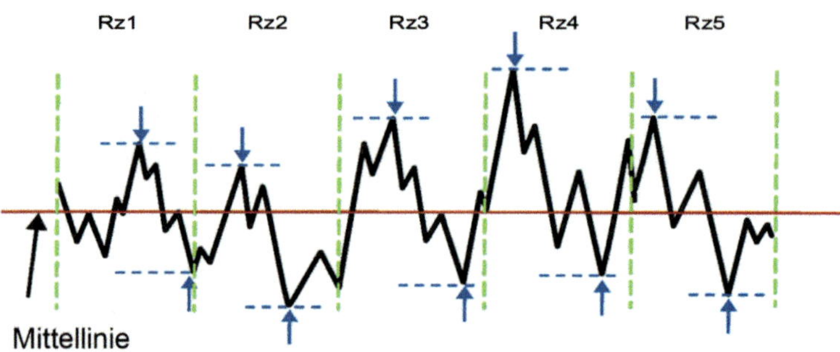

Abb. 11.2 Definition des Rz-Wertes

Rz-Wert: gemittelte Rautiefe nach DIN

Um den R_z-Wert zu bestimmen, wird die Messstrecke in fünf Sektoren geteilt und in jedem die Einzelrautiefe gemessen, nämlich der Abstand des höchsten „Berges" vom tiefsten „Tal" innerhalb der Messstrecke. Der R_z-Wert ist der Mittelwert aus den fünf Einzelwerten.

Die Messmethode wird in Abb. 11.2 erläutert.

Der Rz-Wert fällt etwa zehnmal so hoch aus wie der Ra-Wert.

Er wird benutzt, wenn die Tiefe der stärksten Riefen gefragt ist. So z. B., wenn man wissen will, welche Schichtdicke abzutragen ist, um Riefen auszuschleifen.

Rmax-Wert: maximale Rautiefe

Auch hier werden fünf Sektoren gebildet. Nur wird jetzt der höchste der fünf Einzelrautiefen als Ergebnis ausgegeben (siehe Abb. 11.3).

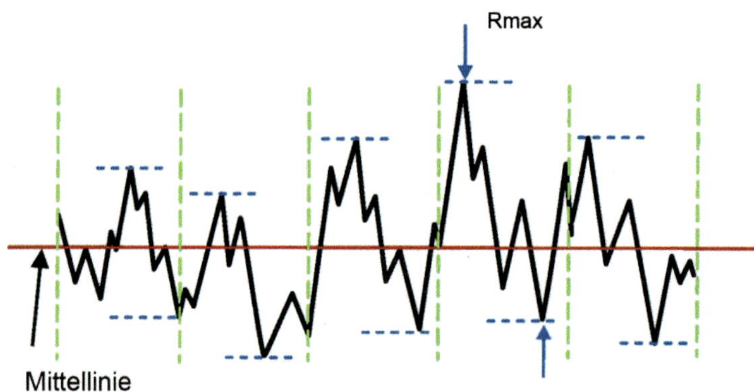

Abb. 11.3 Definition des Rmax-Wertes

Den Rmax-Wert verwendet man, wenn es darum geht, die größte Unebenheit innerhalb der Messstrecke anzugeben.

11.3.2 Messverfahren

Das gängige althergebrachte und erschwingliche Verfahren der Rauheitsmessung ähnelt
dem Prinzip des Plattenspielers.

Neue Messverfahren, die Oberflächenbereiche berührungslos abtasten und das Profil
mit Hilfe eines PC auswerten sind das Lichtschnittverfahren und die schichtweise Photo-
graphie.

Mechanische Abtastung

Eine Abtast-Nadel wird über die Werkstück-Oberfläche geführt und deren vertikale Bewegung wird elektromagnetisch erfasst.

Das Ergebnis kann als Profil aufgezeichnet oder nach einem der oben genannten Re-
chenverfahren als Zahlenwert ausgegeben werden.

Es ist sinnvoll, nach der Messung nicht nur mit dem erhaltenen Wert zu arbeiten, sondern das Profil auszudrucken. Verfälschende Störungen werden dann schneller erkannt.

Gängige Geräte-Einstellungen sind für die Länge der Messstrecke 5 mm, und für den
Filter λ 8

Für den Ausdruck eines Profils ist die Auflösung in der Länge mit 500 µm/cm üblich.
Die Auflösung in der Höhe ist natürlich so zu wählen, dass die gesamte Profilhöhe gut
sichtbar wird. Außerdem ist die Messmethode auf „Profil" einzustellen, um den Einfluss
(leicht) gewölbter Flächen zu eliminieren.

Optische Oberflächenabtastung

Bei dieser Art der Oberflächenabtastung wird jeweils nur ein Punkt der Oberfläche beleuchtet, eine Schicht scharfgestellt und digital abgebildet. Die Tiefenauflösung reicht
dabei von einigen nm bis zu 2 mm. Das Ergebnis kann als 3D-Ansicht, lineares Profil
oder in einer Wertetabelle dargestellt werden. Geräte für diese Aufnahmetechnik liefert
die Fa. Confovis GmbH in Jena [20].

Die rechnerische Auswertung liefert nicht nur ein Oberflächenbild, sondern darüber
hinaus ein Rauheitsprofil und eine tabellarische Darstellung der gemessenen Parameter.
Das Ergebnis ist in Abb. 11.4 zu sehen.

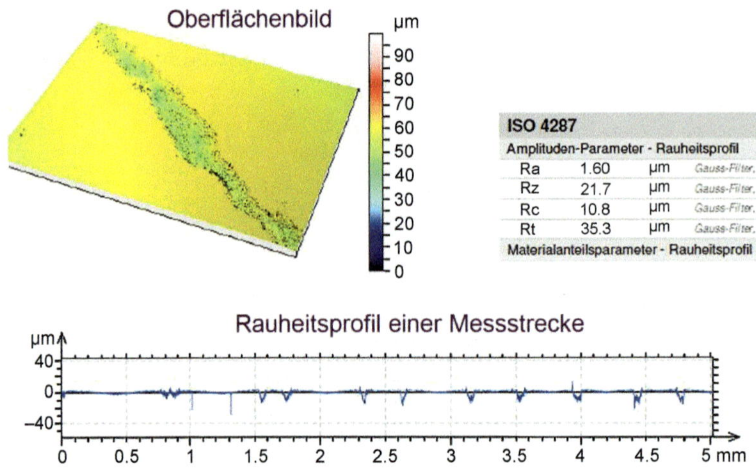

Abb. 11.4 Oberflächenbild nach dem Confovis-Verfahren

11.4 Restverschmutzung

Beim Gleitschleifen werden die Werkstücke in mit Feststoffen beladenem Wasser bearbeitet. Daher sind die entnommenen Teile verschmutzt. Sie können durch Abspülen gereinigt oder in einem Granulat-Trockner von einem Teil der Anhaftungen befreit werden.

Die Sauberkeit eines metallischen Werkstücks erkennt man an der Helligkeit und dem Fehlen von Flecken. Außerdem müssen Ecken und Nuten frei von Schmutzablagerungen sein.

Diese grobe Beurteilung reicht vor allem bei Stahlteilen in vielen Fällen aus. Ist die Oberfläche insgesamt dunkel, so wurde zu wenig oder ein falsches Compound (zu wenig Reinigungskraft) benutzt.

Leichte Wolken auf polierten Flächen zu erkennen ist bei normaler Beleuchtung recht schwierig. Erst wenn man die Oberfläche in diffusem Licht betrachtet, erkennt man dunklere, nicht saubere oder oxidierte Bereiche.

Experten halten dazu ein Pergamentpapier zwischen Lichtquelle und zu prüfendes Werkstück, oder legen die Teile (wenn sie klein genug sind) in eine weiße Tüte. Erst dann werden die Fehler, die z. B. beim Beizen gemacht wurden, sichtbar.

Die Abb. 11.5 zeigt den Unterschied bei Sichtprüfung gebeizter und leicht polierter Münzrohlinge bei normaler Beleuchtung und in diffusem Licht.

Besonders an Bauteile für die Automobilindustrie werden immer höhere Anforderungen an die Sauberkeit gestellt.

So wird kaum ein Autofahrer über Schmutzteilchen in seiner Diesel-Einspritzpumpe oder eingedrungenes Wasser in einer geklebten Elektronik-Box lachen können.

Will man sich über den Grad der Verschmutzung unterhalten oder ihn gar zum Vertragsgegenstand machen, so muss die Verschmutzung messbar gemacht werden.

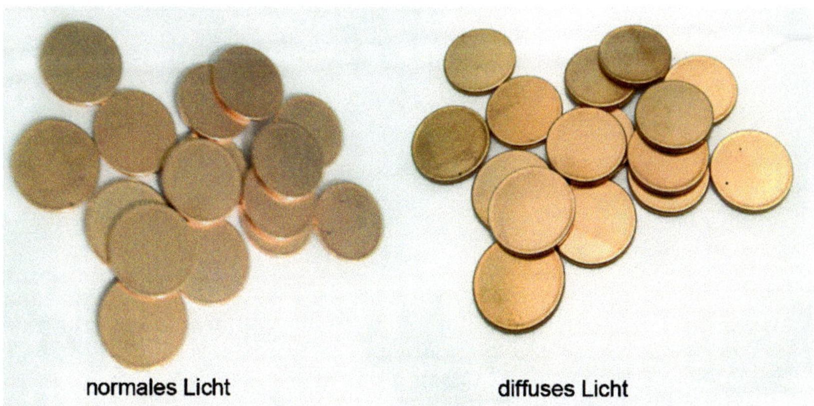

Abb. 11.5 Prüfung auf Flecken

Die Tab. 11.1 zeigt die hauptsächlichen Verschmutzungen und deren Folgen (entnommen dem Rotbuch VDA 19 [20]).

Dem Thema Verschmutzungen hat sich das Fraunhofer-Institut angenommen und ein Rotbuch des Verbandes der Automobilindustrie eV [21] und der ISO 16232 veröffentlicht.

In diesem Band VDA 19 werden genaue Methoden zum Sammeln, Auswerten und Dokumentieren von Partikelverschmutzungen vorgeschlagen. Die angegebenen Prozeduren sind sehr komplex und aufwändig.

Will man Verschmutzungen mehrerer Werkstücke miteinander vergleichen, muss an jedem die exakt gleiche Prüfprozedur durchgeführt werden.

Ein einfacher visueller Test für Partikelschmutz ist die „Tesafilm-Methode". In Abb. 11.6 wird diese Verfahrensweise verdeutlicht: Ein transparenter Klebestreifen wird auf die zu untersuchende Stelle gedrückt, wieder abgezogen und auf ein weißes Blatt Papier aufgeklebt. Die Schwärzung des Papiers ist dann ein Maß für die Verschmutzung auf dem Werkstück. Diese Methode ist schnell und extrem kostengünstig. Allerdings kann man sich prächtig darüber streiten, ob das gefundene Ausmaß der Verschmutzung noch akzeptabel ist oder nicht.

Tab. 11.1 Werkstück-Verschmutzungen und deren Folgen

	Nur lokal	Am gesamten Teil
Partikel	Montageprobleme Verschleiß Ausfall von Komponenten	Fehler im Dekor
Filme	Klebeprobleme Probleme an Elektro-Kontakten	Lackierprobleme Beschichtungsprobleme

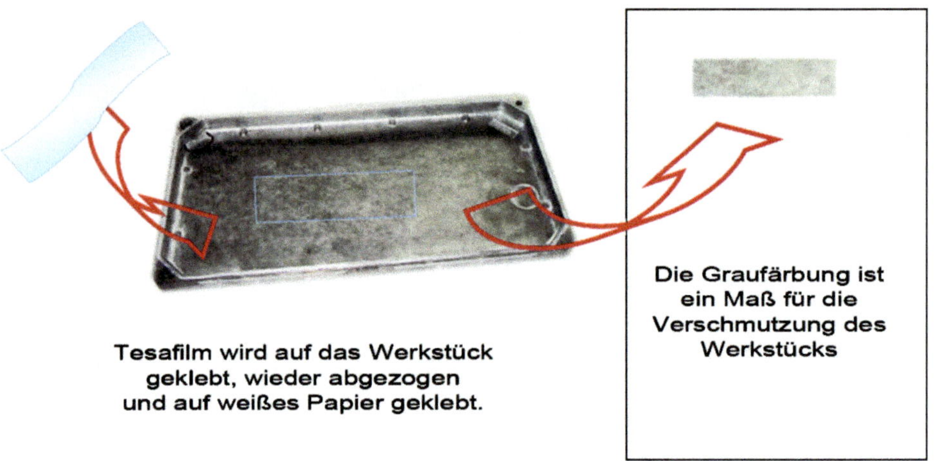

Abb. 11.6 Die „Tesafilm"-Methode

Dokumentierbar lässt sich der Test dadurch machen, dass das aufgeklebte Papier in ein Bildbearbeitungsprogramm eingescannt wird. In der Anwendung wird der mittlere Grauwert des Streifens ermittelt und als Zahl ausgegeben.

Durch Scannen mit hoher Auflösung und entsprechende Einstellung von Kontrast und Helligkeit für das eingescannte Bild ist es sogar möglich, einzelne Schmutzpartikel sichtbar zu machen (natürlich wenn nicht der mittlere Grauwert erzeugt wird).

Auch lassen sich so Menge oder Größen von Schmutzpartikeln bestimmen.

11.5 Poren und Risse

Größere Poren, Lunker und Risse fallen schon bei der optischen Prüfung auf.

Um kleine Schäden zu finden, die sehr wohl für die Funktion des Werkstücks von Bedeutung sein können, sind Hilfsmittel erforderlich.

Ein solches Hilfsmittel ist die Methode des Farbeindringverfahrens.

Nach der Reinigung des Werkstückes wird eine Flüssigkeit, die gegenüber der Metalloberfläche eine Kontrastfarbe aufweist, auf die zu untersuchende Oberfläche gebracht.

Diese Flüssigkeit, Penetrant genannt, zieht in die fehlerhaften Stellen ein.

Etwas später wird die Oberfläche vom Penetrant gesäubert und eine weiße Lösung, Entwickler genannt, wird aufgetragen.

Dadurch werden nach dem Eintrocknen des Entwicklers die in den Fehlstellen verbliebenen Reste der Penetrant-Flüssigkeit sichtbar.

Mittel zur Durchführung der Farbeindringprüfung liefert z. B. die Fa. Helling in 25436, Heidgraben.

11.6 Helligkeit und Glanz

Als Messgröße für die Helligkeit einer Oberfläche dient der Anteil des an der Oberfläche diffus reflektierten Lichtes. Als Glanz bezeichnet man den gerichtet reflektierten Lichtanteil.

In Abb. 11.7 sind zwei unterschiedlich gut polierte Scheiben wiedergegeben.

Bestimmt man den Glanz einer Oberfläche mit einem Glanzmessgerät, so misst man die Summe des diffus (Helligkeit) und des gerichtet (Glanz) reflektierten Lichtes.

Eine einfache grobe Abschätzung des Maßes an Spiegelglanz einer Fläche gelingt, indem man senkrecht einen Maßstab (z. B. ein Lineal) auf die Fläche stellt und abschätzt, wie weit man die im Werkstück gespiegelten Teilstriche der Graduierung noch gut erkennen kann.

> Glanz macht Inspektoren fast immer glücklich: glänzende Flächen decken nämlich gnadenlos alle Oberflächenfehler auf!

Diese vergleichende Beurteilung des Glanzes ist natürlich recht grob.

Zur genaueren Messung des Glanzes wird ein Lichtstrahl in definiertem Winkel auf die zu untersuchende Oberfläche gerichtet, und das direkt reflektierte Licht in seiner Helligkeit gemessen. Der Messwert wird oft in der Einheit GU angegeben. Dabei ist der

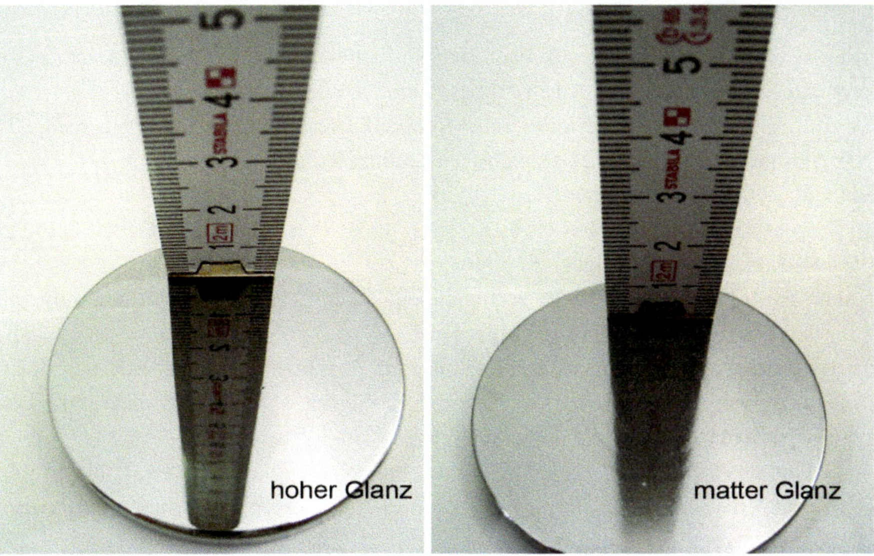

Abb. 11.7 Einfache Beurteilung von Glanz

Referenzwert 100 GU der, den eine polierte schwarze Glasplatte bei einem Einfallswinkel des Lichtstrahls von 60° erzeugt.

Da die beschriebene Messanordnung immer die Summe aus direkt und diffus reflektiertem Licht wiedergibt, wird der Messwert umso höher, je heller die gemessene Oberfläche ist. Deswegen wird man an glänzenden Metalloberflächen immer Werte über 100 erhalten. Zur Beurteilung der Oberflächenqualität ist es daher sinnvoll, die erreichte Rauheit mit einzubeziehen.

11.7   Kantenradius

In vielen Fällen, wie bei Fertigung von Lager-Rollen oder von Schneidwerkzeugen, ist ein genau definierter Kantenradius gefragt und muss bewertet werden können.

Ein Mikroskop, bei dem die Kante auf eine kalibrierte Mattscheibe projiziert wird, reicht oft nicht aus.

Auch die mechanische Abtastung der Kante ist nicht immer zuverlässig. Einmal ist die erreichbare Auflösung nicht hoch genug (nicht unter 30 µm), zum anderen verfälscht eine nicht exakte Positionierung des Werkstückes das Ergebnis.

Besonders detaillierte Informationen über die Kante kann man durch optische Oberflächen-Abtastung mit bisher unerreichter Auflösung erhalten. Diese Messmethode wird unter Abschn. 11.3.2 genauer beschrieben.

11.8   Tensidgehalt

Werden Gleitschleifbearbeitungen nach der Verlusttechnik durchgeführt, reicht es, die Compound-Dosierung durch „Auslitern" grob einzustellen.

Dazu wird die aus der Dosierleitung für Compound austretende Flüssigkeitsmenge über eine bestimmte Zeit in einem Messbecher aufgefangen und mit der in derselben Zeit fließenden Wassermenge verglichen.

In Prozesswasser-Kreisläufen ist es dagegen nötig, den Compound-Gehalt und damit die Tensid-Konzentration genauer zu überwachen.

Laborarbeiten zur Bestimmung des Tensidgehaltes in Compounds sind sehr aufwändig und für den Betriebsalltag wenig geeignet.

Eine einfache ausreichend genaue Bestimmung des Tensidgehaltes lässt sich vor Ort mithilfe eines empfindlichen Refraktometers durchführen, ähnlich dem, das für die Überwachung von Kühlschmierkreisläufen verwendet wird.

Refraktometer messen den Brechungsindex einer Flüssigkeit. Die Skala ist jedoch in Brix geeicht, einem Maß für die relative Dichte. Aus diesem Wert muss empirisch die Compound-Konzentration bestimmt werden.

Bei Anschaffung eines Refraktometers zur Bestimmung des Tensidgehaltes ist darauf zu achten, dass dessen Messskala von 0 bis 10 Brix reicht, besser noch von 0 bis 8 Brix

Abb. 11.8 Refraktometer

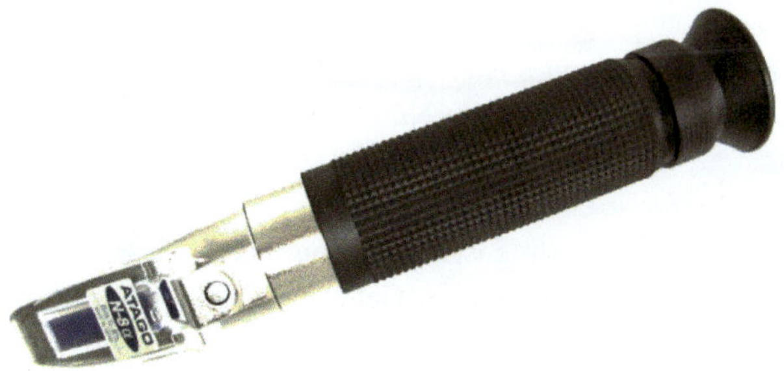

[22] im Gegensatz zu den für die Überwachung von Schmierkreisläufen üblichen Geräten mit Skalen von 0–20 Brix.

Die Trennlinie, die auf der Skala erscheint und zur Ablesung genutzt wird, ist umso schärfer, je klarer das Wasser ist. Bei stark öligen oder geflockten Kreisläufen versagt die Messung jedoch.

> Diagramme, die den Zusammenhang zwischen Brix-Wert und Compound-Konzentration angeben (für jedes Mitte ein anderes!), können vom Lieferanten des Compounds bereitgestellt werden.

In Abb. 11.8 ist ein Refraktometer abgebildet.

11.9 pH-Kontrolle

> Obwohl der pH-Wert der Prozessflüssigkeit für den Erfolg einer Bearbeitung wichtig ist, gibt es damit kaum Probleme, da die Compounds bei richtiger Dosierung den gewünschten pH-Wert selbst einstellen.

Die einfachste und meist ausreichende Art der Überprüfung erfolgt mit pH-Papier. Ein Papierstreifen wird mit der zu messenden Flüssigkeit benetzt, und die Farbänderung mit einer mitgelieferten Farbskala verglichen.

Eine genauere Überprüfung des Wertes muss mit einem pH-Messgerät erfolgen. Die Messung kann zwar vor Ort durchgeführt werden, da diese Geräte aber empfindlich sind und regelmäßig gewartet werden müssen, empfiehlt es sich, das Betriebslabor einzuschalten.

> Beim Kauf eines Hand-pH-Meters ist darauf zu achten, dass eine sogenannte Zweipunkt-Justierung (also Nullpunkt und Steilheit) möglich ist.

Besonders wichtig ist die kontinuierliche Messung des pH-Wertes bei der Abwasserbehandlung. Sie wird bei der Genehmigung einer Abwasserbehandlungsanlage behördlich vorgeschrieben und der Messwert muss aufgezeichnet werden.

Grund dafür ist, dass die gelösten Metalle nur im pH-Bereich zwischen 6 und 8,5 (in Abhängigkeit vom abzuscheidenden Metall) unter die gesetzlich vorgeschriebene Konzentration gebracht werden können.

Zur Messung kommen Glaselektroden zusammen mit Vergleichselektroden zum Einsatz, die zu Messketten zusammengeschaltet sind.

Einstab-Messketten, in denen die Glaselektrode mit der Vergleichselektrode zusammen in einer „Elektrode" untergebracht ist, sind für die betriebliche Messung nicht zu empfehlen, da sich die kleine Membran der Vergleichselektrode sehr zu leicht zusetzt.

Um eine zuverlässige pH-Kontrolle zu erhalten, muss die Messeinrichtung wöchentlich mit „Eichlösungen" justiert werden. Hier ist wieder ein Betätigungsfeld für das Betriebslabor geschaffen.

Die pH-Messeinrichtung ist der bei weitem empfindlichste Teil jeder Prozesswasser-Behandlungsanlage.

11.10 Schwermetalle

Der Schwermetallgehalt im Abwasser ist ein für die Umwelt sehr bedeutsamer Wert. Deswegen erkennen die Behörden nur sichere Analysenverfahren an, wie die Atomabsorptions-Spektroskopie (AAS).

Schon das schwierig auszusprechende Wort deutet darauf hin, dass ein entsprechendes Gerät nur in Labors zu finden ist, die sich genügend oft mit Wasseranalytik beschäftigen.

So sind die Hersteller von Gleitschleiftechnik meist bereit, für Kunden derartige Abwasser-Analysen durchzuführen.

Bei der AAS-Analyse wird eine Lösung, die die Schwermetalle enthält, in eine Flamme gesprüht, die von einer speziellen Lichtquelle angeleuchtet wird.

Die Inhaltsstoffe der Flüssigkeit verdampfen und absorbieren aus dem Licht Frequenzbereiche, die für ein zu bestimmendes Element charakteristisch sind, wobei das Ausmaß der Absorption ein Maß für die Konzentration in der versprühten Flüssigkeit ist.

Es gibt jedoch Schnelltests, der es erlauben, niedrige Gehalte (0–100 mg/l) von Kupfer, Nickel oder Chrom abzuschätzen und nach einiger Zeit ein Gefühl dafür zu entwickeln, ob das Wasser den gesetzlichen Vorschriften entspricht. Sie lassen sich leicht vor Ort durchführen. Problem sind dabei andere Stoffe im Wasser, die das Ergebnis beeinflussen können.

Solche Schnelltests bietet die Fa. Macherey-Nagel (Düren) an.

Zur Durchführung des Tests wird die zu untersuchende Probe entweder mit einer mitgelieferten Chemikalie tropfenweise bis zum Farbumschlag versetzt, wobei die Zahl der Tropfen ein Maß für den Schwermetallgehalt ist oder die Chemikalie wird insgesamt zugegeben und die Farbänderung kolorimetrisch ausgewertet.

Noch einfacher ist die Anwendung von Testpapieren, die in die Abwasserprobe getaucht werden. Eine Verfärbung des Papiers zeigt den ungefähren Metallgehalt an. Diese Tests sind jedoch meist zu unempfindlich (untere Anzeigegrenze 10–20 mg/l).

Ganz bequem kann ein empfindlicherer Test auf Kupfer oder Nickel durchgeführt werden, indem man in eine Probe des behandelten Wassers (nach der pH-Messung) einen Tropfen eines Komplexspalters (z. B. Plexon der Fa. Erbslöh) gibt und die Farbreaktion um den absinkenden Tropfen beurteilt:

Probe bleibt klar: < 0,1 mg/l

leichter brauner Rand um den Tropfen: < 0,5 mg/l

kräftiger brauner Rand: 0,5–1 mg/l

Tropfen färbt sich komplett braun: einige mg/l

Probe zeigt braune Ausfällungen: neue Abwasseranlage kaufen!

Diese Analysenmethode ist zugegebenermaßen äußerst grob und erfordert einige Erfahrung, kann aber immerhin schnell Auskunft darüber geben, ob etwas getan werden muss.

11.11 Schalldruck

Der Schallpegel wird in Dezibel angegeben. Dies ist ein logarithmisches Maß, nämlich das Verhältnis von gemessenem Schalldruck zur Hörschwelle des Menschen.

Eine Erhöhung der Lautstärke um zehn dB (Formelzeichen für Dezibel) wird als doppelt so laut empfunden.

Die empfundene Lautstärke ist eine subjektive Größe, die sich aus den Schallpegeln der verschiedenen Schallfrequenzen einer Geräuschquelle ergibt. Dabei ist das Lautstärke-Empfinden für verschiedene Frequenzen durchaus unterschiedlich.

Der Schallpegel wird daher in verschiedenen Frequenzbereichen (durch Einsatz von Filtern) gemessen. Die erhaltenen Werte werden durch das Messgerät entsprechend der Empfindung des menschliche Ohrs gewichtet und als „gefilterter" Schalldruckpegel angegeben.

Die meisten Messungen werden über das Frequenz-Filter „A" durchgeführt. Die erhaltenen Werte besitzen dann die Einheit dB(A).

Eine Schalldruckpegel-Messung mit anschließender Auswertung, die allen Nachprüfungen standhält, ist eine recht komplizierte Angelegenheit.

So müssen an den Messwerten Korrekturen für:

- Fremdgeräusche
- Raumgröße (Reflektionen)
- Zeitliche Veränderungen

vorgenommen werden.

Das Messverfahren und die Auswertung der Messwerte wird beschrieben durch die DIN Norm 45635. Das Messgerät muss der DIN Norm 45633 entsprechen.

Eine Schalldruckmessung an einer Maschine in der Fabrik des Herstellers ist nur von sehr begrenztem Wert. In die Messung geht nämlich die Art der Umgebung ein.

So ist es von Belang, ob Gegenstände in der Nähe den Schall gut reflektieren, wie etwa eine Betonwand, oder ihn durch Absorption dämpfen, wie Stoffbahnen oder ähnliches. Schalldruckmessungen sollten daher ausschließlich am Aufstellort der Maschine während der Arbeitszeit vorgenommen werden.

In der Praxis werden zur Messung des Schallpegels um die Gleitschleifmaschine im Abstand von 1 m vier bis fünf Messpunkte in etwa 1,6 m über dem Boden festgelegt.

Die erhaltenen Werte kommen in einen Messbericht, der die folgenden Angaben tragen soll:

- Art und Abgrenzung der Maschine
- Maschinendaten
- Betriebsdaten
- Beschreibung der Anordnung der Messpunkte
- Subjektives Urteil über den Geräuschcharakter.

In diesem Kapitel geht es nicht um unzureichende Ergebnisse, die in der Wahl der falschen Maschine oder der Anwendung eines ungeeigneten Verfahrens begründet sind, sondern um Probleme, die sich bei der Durchführung einer erprobten und über längere Zeit erfolgreichen Bearbeitung einschleichen können.

Ein großer Vorteil des Gleitschleifverfahrens gegenüber manueller Bearbeitung ist die Reproduzierbarkeit der Ergebnisse. Sowohl die Werkstücke einer Charge, wie auch die von Charge zu Charge erhaltenen Teile zeigen das gleiche Ergebnis.

Dennoch kommt es mitunter vor, dass das Bearbeitungsergebnis nicht den Erwartungen entspricht.

Besonders in Prozesswasserkreisläufen, die nicht zu den einfach zu beherrschenden zählen, hat man des Öfteren mit zu dunklen Teilen zu kämpfen.

Die Gründe für Probleme können vielschichtig sein. Die Erfahrung zeigt jedoch, dass immer wieder die gleichen Fehler gemacht werden.

Daher sollen die am häufigsten auftretenden Gründe für einen minderen Erfolg sowie Maßnahmen zur Behebung der Fehler genannt werden und Lösungswege vorgeschlagen werden.

12.1 Häufige Fehler

Wenn auch erfahrene Maschinenführer die meisten kleinen Probleme still und kompetent selbstständig lösen, kann eine Auflistung der häufigsten und wahrscheinlichen Fehler mit Hinweisen zu deren Behebung helfen, die Ursache für das unzureichende Bearbeitungsergebnis schnell zu entdecken.

Besonders noch unerfahrene Bediener werden gerne eine Auflistung möglicher Fehlerursachen zu Rate ziehen.

Eine tabellarische Übersicht von immer wieder auftretenden ungeliebten Erscheinungen ist in Anhang IV zu finden.

© Springer Fachmedien Wiesbaden GmbH, ein Teil von Springer Nature 2018
H. Prüller, *Praxiswissen Gleitschleifen*, https://doi.org/10.1007/978-3-658-20927-8_12

Dort sind sowohl mögliche Fehlerquellen sowie Vorschläge zu deren Beseitigung aufgeführt.

12.2   Dunkle Teile in Kreisläufen

Werden (besonders in Kreislaufverfahren) die Werkstücke zu dunkel, so ist die Reinigungskraft des Prozesswassers zu gering. Auch hier können verschiedene Gründe dafür verantwortlich sein.

Die Ursachen sind wieder einmal vielfältig. Zur deren Aufdeckung und zur Durchführung von Gegenmaßnahmen gibt ein Entscheidungsbaum im Anhang V Hilfestellung.

12.3   Schaumbildung

Jeder weiß, dass Schaum durch einen Überschuss an Tensiden erzeugt wird.

Dennoch schaffen es Gleitschleifanlagen, Schaum zu erzeugen, der sich nicht durch weniger Compound beseitigen lassen.

Wird z. B. enthärtetes Wasser eingesetzt, so ist ein grandioses Schaumbad absolut nicht zu vermeiden.

Es gibt also mehrere Arten von Schaum, die sich nicht nur durch ihre Entstehungsgeschichte unterscheiden, sondern auch durch die Art und Weise, mit der der Schaum verhindert oder wenigstens verringert werden kann.

Deshalb ist beim Auftreten von zu viel Schaum zuerst zu klären, gegen welche Art von Schaum man zu kämpfen gedenkt!

Um zu beurteilen, welche Schaumart uns ärgert, und was dagegen zu tun ist, muss der Schaum genauer untersucht werden.

In Anhang VI sind kurze Beschreibungen und Untersuchungsmethoden zur Erkennung der vorliegenden Schaumart gegeben, und darauf fußend, mögliche Maßnahmen zur Schaumreduzierung aufgeführt.

Bewertung des Gleitschleifverfahrens

Das Gleitschleifen ist tatsächlich ein vielseitiges Verfahren, das durch seine Variationsmöglichkeiten eine Unzahl von Bearbeitungswünschen wirtschaftlich zu erfüllen vermag und in der Lage ist, mehrere Bearbeitungsschritte in einem Ablauf zu erledigen.

Dennoch würde Ihr Chef wenig begeistert sein, wollten Sie einen Angussgrad beim Kokillenguss gleitschleifenderweise entfernen oder sich darum bemühen, partout einen Gleitschleif-Weg zu finden, um duktile Flittergrade an der Stirnseite von Rohrabschnitten abzutrennen.

Dafür gibt es geeignetere Verfahren.

Für Reinigungs-, Entfettungs- und Beizaufgaben ist Gleitschleifen nahezu unschlagbar, da durch die mechanische Unterstützung der Schleifkörper die mit dem abgelösten Schmutz oder Öl angereicherte Grenzschicht auf der Werkstückoberfläche immer wieder durch frisches Compound-Wassergemisch ersetzt wird.

Für Polierarbeiten gilt, dass der an der Schwabbelscheibe erzielbare Glanz durch keine Gleitschleifbearbeitung erreicht werden kann (vielleicht in etwa durch Polieren im Topf-Vibrator).

Jedoch kommen die durch Trockenpolieren erzeugten Oberflächenqualitäten so nahe heran, dass sie in den meisten Fällen als ausreichend empfunden werden.

13.1 Vor- und Nachteile des Gleitschleifverfahrens

Eine kurze Zusammenstellung der Vor- und Nachteile einer Gleitschleifbearbeitung (vor allem beim Entgraten) kann so aussehen:

positiv

- sehr wirtschaftliche Bearbeitung, da die Werkstücke als Schüttgut eingesetzt werden
- vielfältige Bearbeitungsmöglichkeiten

© Springer Fachmedien Wiesbaden GmbH, ein Teil von Springer Nature 2018   177
H. Prüller, *Praxiswissen Gleitschleifen*, https://doi.org/10.1007/978-3-658-20927-8_13

- alle Grate eines Werkstückes werden bearbeitet
- es entsteht kein Sekundärgrat (wie beim Schleifen)
- keine Vor- und Nachbehandlung erforderlich (außer eventuell Trocknen)

negativ

- zur Optimierung sind Vorversuche erforderlich
- die Bearbeitungszeit ist relativ lang
- es entsteht Abwasser und Abfall.

13.2   Grenzen des Gleitschleifverfahrens

Hauptsächlich bei Entgratungsproblemen ist es wichtig, über den Gleitschleif-Tellerrand zu schauen und zu prüfen, ob nicht ein anderes Verfahren vorzuziehen ist.

Eine Beschreibung verschiedener Entgratverfahren und vergleichende Betrachtungen schreibt L. Soylu [23] in seiner Diplomarbeit.

Weitere Ausführungen über Entgratverfahren sind in [5] zu finden.

Gleitschleifen ist nicht die erste Wahl wenn:

- innenliegende oder verdeckte Grate zu entfernen sind (z. B. sich kreuzende Bohrungen)
  Alternativen:
  therm.-chem. oder elektrochem. Entgraten, Druckfließläppen, Hochdruckwasserstrahlen
- absolute Maßhaltigkeit gefordert wird
  Alternativen:
  elektrochem. oder magnetabrasives Entgraten, Fräsen, Hochdruckwasserstrahlen
- nur Grate an bestimmten Stellen entfernt werden dürfen
  Alternativen:
  Fräsen, Bürsten, elektrochem. Entgraten, Druckfließläppen, Hochdruckwasserstrahlen
- starke Grate an Sand- oder Kokillenguss oder Schmiedeteilen vorliegen
  Alternativen:
  Vorbehandlung durch Fräsen, Schleifen
- die Oberfläche nicht verändert werden darf
  Alternativen:
  Fräsen, Bürsten, Schleifen, therm.-chem. oder elektrochem. Entgraten
- Flittergrate wirtschaftlich zu entfernen sind, ohne dass Forderungen an die Oberfläche gestellt werden
  Alternative:
  Strahlen

Diagramme und Tabellen

Anhang I – Füllmenge (Keramik)

Bei unterschiedlichem Volumen-Verhältnis Werkstücke – Schleifkörper.

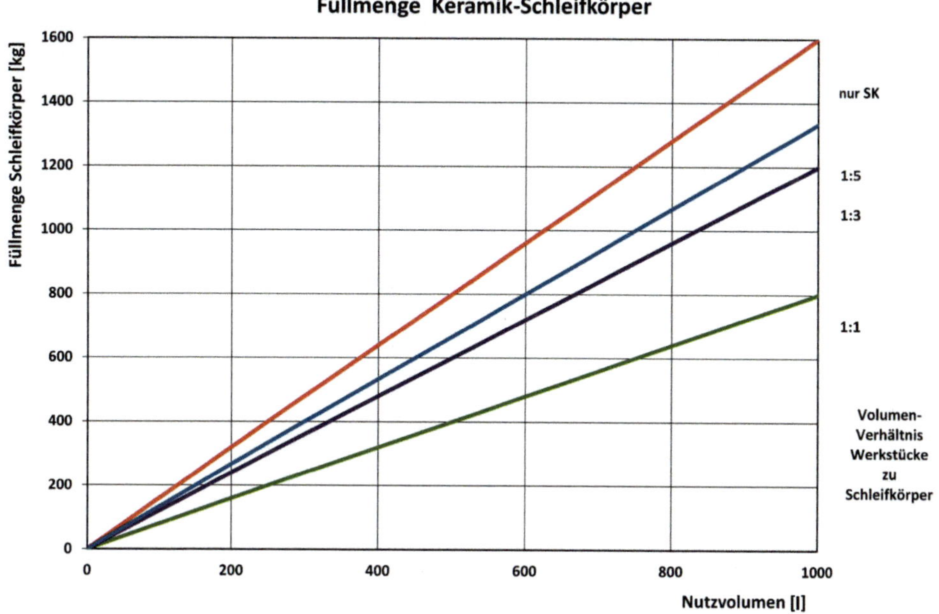

© Springer Fachmedien Wiesbaden GmbH, ein Teil von Springer Nature 2018
H. Prüller, *Praxiswissen Gleitschleifen*, https://doi.org/10.1007/978-3-658-20927-8

Anhang II – Füllmenge (Kunststoff)

Bei unterschiedlichem Volumen-Verhältnis Werkstücke – Schleifkörper.

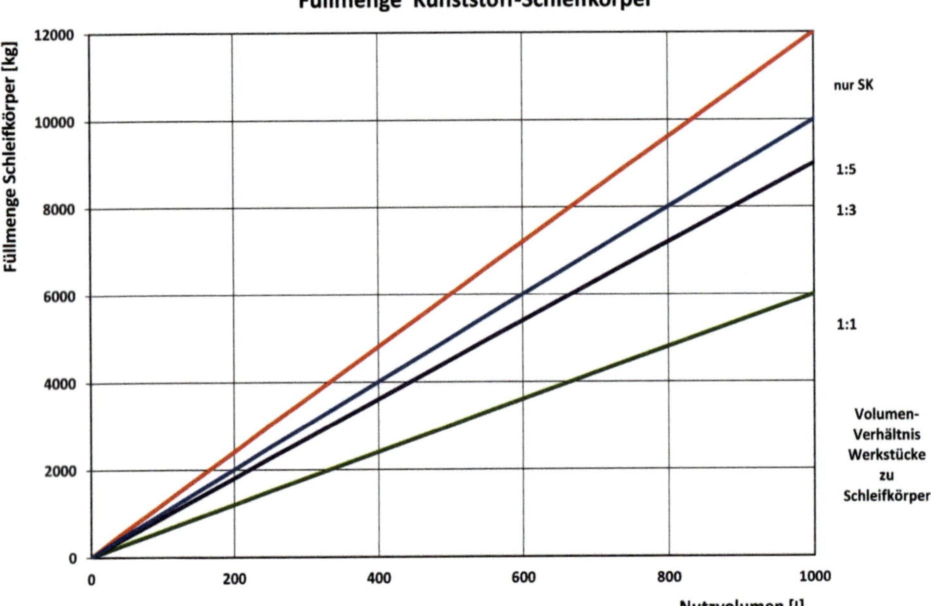

Anhang III – Compoundverbrauch aus Wasserdurchsatz und Compoundkonzentration

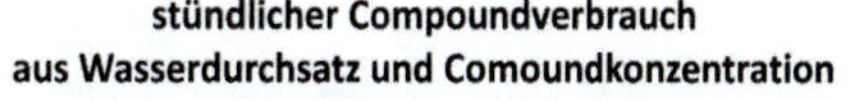

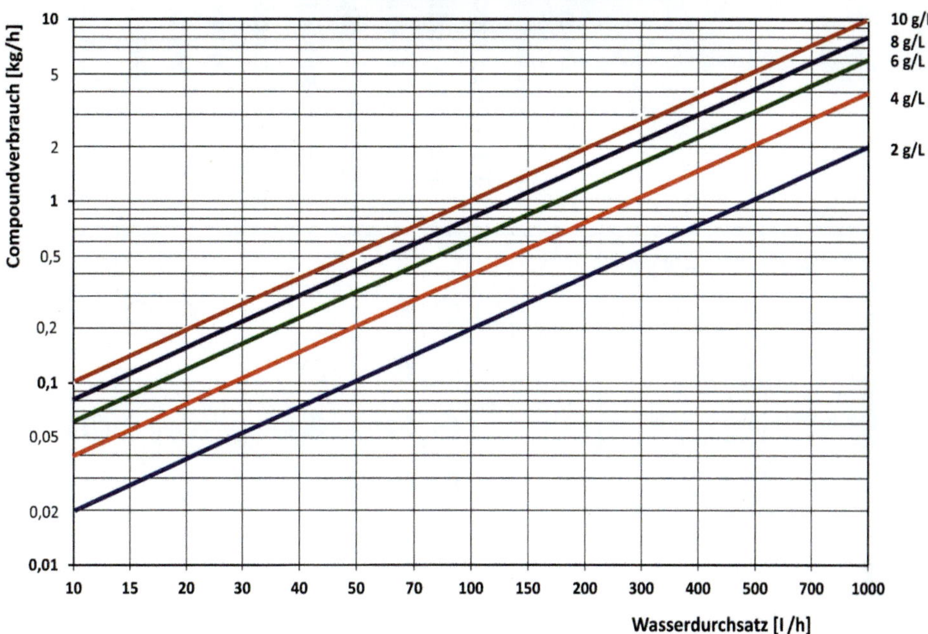

Anhang IV – Häufige Fehler

	zu wenig Wasser	zu viel Wasser	Füllhöhe zu niedrig	falsche Drehzahl	falsche Unwucht	falsche Schleifkörper	zu große Schleifkörper	falsches Compound	zu wenig Compound	verschmutzte Masse	verölte Werkstücke	zu viele Werkstücke
Masse wälzt nicht um		○	○	○	●					○	○	
Arbeitsbehälter schwingt			○	○	●					○	○	
Werkstücke werden nicht eingezogen	○			○	●		○					
Werkstücke werden verbogen	○			○	○		●					○
Oberfläche wird zerschlagen			○	○	○	○	○	○	○			●
Oberfläche wird zu rau				○	○	●	○	○	○			
Werkstücke kleben aneinander	○						○	● 1)	○		○	
zu geringe Schleifleistung		○	○	○	○	●		○		○	○	
zu viel Schaum 2)								●	○			
Werkstücke werden dunkel 3)								○	●	○	○	
Werkstücke werden nicht sauber 3)	○							●	○	○	○	
Werkstücke werden fleckig	●							○	○	○	○	
Werkstücke korrodieren		○						○			●	

○ mögliche Ursache   ● wahrscheinlichste Ursache

1) Es   muss mit Trennkugeln gearbeitet werden
2) Für Kreisläufe siehe Anhang VIII
3) Für Kreisläufe siehe Anhang VI

Anhang V – Dunkle Teile in geflockten Kreisläufen

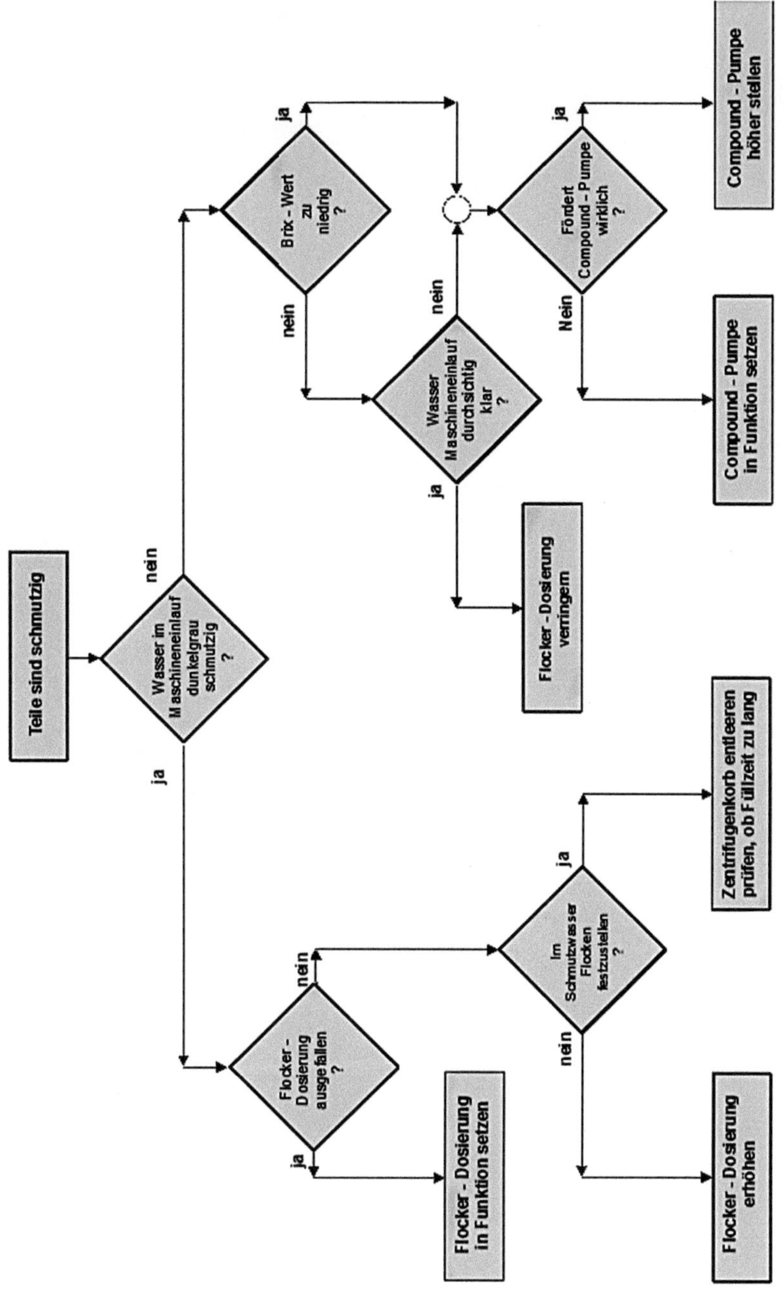

Anhang VI – Schaumprobleme

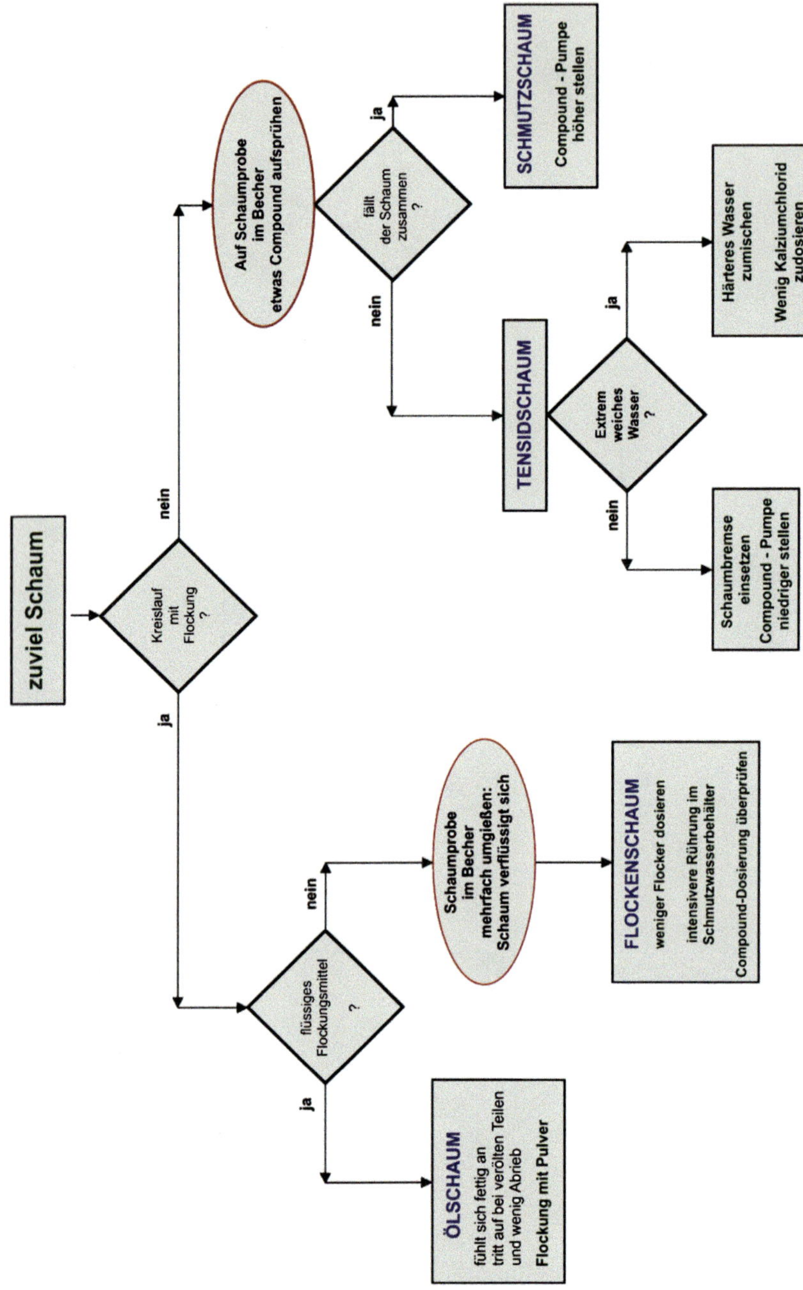

Literatur

1. Gillespie, L.: Mass finishing handbook. Industrial Press, New York (2009)
2. Beaver, L.: Barrel finishing of metal products. Prod. Finish. **12** (1948)
3. Beisel, W.: Entgraten von Gummiformteilen. Werkstatt Betr. **103**(11), 855 (1970)
4. Machhein R.: Der Abtragvorgang beim Gleitschleifen, Diplomarbeit an der Berg. Universität Wuppertal, Fachbereich 12 (1988)
5. Thilow, A., et al.: Entgrattechnik, 3. Aufl. Kontakt & Studium, Bd. 392. (2008)
6. Körber, R.: Stückgutbewegung in Tellerrührern, Dissertation an der Universität Gesamthochschule Essen, Fachbereich 13 (1989)
7. Hinz, H.E.: Die Fliehkraftanlage als Gleitschliffanlage. Galvanotechnik **67**(3) (1976)
8. Blumenstengel, C.: Innengleitschleifen. MO Oberfläche **64**, 1–2 (2010)
9. Trowal, W.: Trowal Fibel, Datensammlung für das Gleitschleifen. Werkschrift Walther Trowal (2011)
10. Bosch Norm 37001: Temporärer Korrosionsschutz für Eisenwerkstoffe, Robert Bosch GmbH
11. Prüller, H.: Wasserkreisläufe für das Gleitschleifen. Galvanotechnik **89**(6) (1998)
12. Schäfer, F.: Beitrag in Entgrattechnik, 3. Aufl. Expert, Renningen (2008)
13. Prüller, H.: Chemisch beschleunigtes Gleitschleifen, JOT. H. Vogel Fachzeitschriften (8) (1991)
14. REM Chemicals Inc.: Southington CT 06489 USA
15. Kühn-Birret: Merkblätter gefährlicher Arbeitsstoffe, 223 Erg. Lfg. 7/2008–O 003-1
16. Anhang 40, Spalte 11, Abwasserverordnung (AbwV)
17. Merkblatt ATV-M 765: Abwassertechnische Vereinigung e. V., St. Augustin, Abwasser das in der metallverarbeitenden Industrie anfällt, Blatt 5, mechanischen Bearbeitung
18. Göpfert, B. et al.: ABAG Abfallagentur, Fellbach, Vermeidungs-, Verminderungs- u. Verwertungskonzepte für den Bereich Gleitschleifen
19. Sorg, H.: Praxis der Rauheitsmessung und Oberflächenbeurteilung. Hanser, München (1995). ISBN 978-3446175280
20. Fa. Confovis GmbH, Hans Knöll-Str. 6, 07745 Jena
21. Qualitätsmanagement in der Automobilindustrie VDA 19, Prüfung der Technischen Sauberkeit – Partikelverunreinigung funktionsrelevanter Automobilteile –
22. Fa. Atago, Japan; deutscher Händler: Leo Kuebler, Karlsruhe
23. Soylu, L.: Moderne Entgratungsverfahren, Diplomarbeit 1999 an der Fachhochschule Düsseldorf 163

Sachverzeichnis